一本让你轻松玩转**New iPad**的秘籍！

边看书，边操作，即可轻松玩转New iPad！

玩转New iPad
的新功能和基本操作
苹果产品
迅速上手

玩转我的 New iPad

张军翔　火　花　郭本兵　等编著

兵器工业出版社

内 容 简 介

本书以循序渐进的方式，全面系统地介绍了 New iPad 的操作和第三方软件的用法。

全书共 10 章，首先介绍了 New iPad 的新特性，按照基本操作、初级设置、同步 New iPad 的软件和音乐等以及个性化设置 New iPad 的顺序，讲解了 New iPad 的初步设置；其次以第三方软件为重点，主要介绍了 New iPad 在网络、日常生活、商务和休闲娱乐等多个方面的应用，使玩家对 New iPad 有更深入的了解；最后为玩家讲解了“越狱”的知识和技巧，推荐了市场上流行的各类配件。本书层次清晰，符合读者的学习习惯，能让读者高效地掌握 New iPad 的各项功能。

本书内容丰富实用，操作详细具体，如果你爱玩 New iPad，喜欢钻研各种使用方法，那本书就非常适合你。

图书在版编目（CIP）数据

玩转我的 New iPad / 张军翔, 火花, 郭本兵等编著。 -- 北京 ：兵器工业出版社, 2012.9

ISBN 978-7-80248-775-8

Ⅰ. ①玩… Ⅱ. ①张… ②火… ③郭… Ⅲ. ①便携式计算机－基本知识 Ⅳ. ①TP368.32

中国版本图书馆 CIP 数据核字(2012)第 194581 号

出版发行：兵器工业出版社
发行电话：010-68962596，68962591
邮　　编：100089
社　　址：北京市海淀区车道沟 10 号
经　　销：各地新华书店
印　　刷：北京博图彩色印刷有限公司
版　　次：2012 年 9 月第 1 版第 1 次印刷
印　　数：1-4 000

责任编辑：王　强　李　萌
封面设计：深度文化
责任校对：郭　芳
责任印制：王京华
开　　本：889mm×1194mm 1/32
印　　张：8.5
字　　数：314 千字
定　　价：39.80 元

New iPad

前言

北京时间2012年3月8日凌晨两点，在美国旧金山芳草地艺术中心，New iPad和iOS 5.1如约而至。风靡全球的iPad至今已进入第三代。

New iPad的问世掀起了苹果风暴的新一轮狂潮，成为当今移动市场中最受欢迎的电子产品。众多的新功能与新玩法让每一个苹果用户都乐此不疲，然而在真正的使用过程中却有这样那样的问题困扰着用户，难以真真切切地随心而动，体会New iPad带来的所有便捷与快乐。

为了解决New iPad用户在使用过程中的种种疑问，并不断探索其魅力所在，我们将New iPad的日常操作、使用技巧以及最优秀的第三方软件的介绍编辑成书，使发掘New iPad魅力的过程变得轻松愉快。

本书语言简单明了，在详细介绍使用方法的基础上添加了编者自己总结的经验和技巧，主次分明、深入浅出，使读者现学现用，轻松做New iPad达人。

本书具有如下特点：

对象广泛：无论您是刚刚接触New iPad的新手，还是已经成为New iPad的使用高手，都能从本书中找到一个新的起点。

简单易学：以活泼的语言和图文并茂形式进行内容讲解，营造一个轻松愉悦的环境，同时在讲解的过程中还穿插了各种实用技巧和趣味功能。

实用至上：充分考虑读者需求，从实用的角度出发，避开技术问题，让读者真正用好、玩好。

本书从策划到出版，倾注了出版社编辑们的心血，在此表示衷心的感谢！

本书是由诺立文化策划，主要由张军翔、火花和郭本兵编写。除此之外，陈媛、陶婷婷、汪洋慧、彭志霞、彭丽、管文蔚、马立涛、张万红、陈伟、李东海、童飞、陈才喜、杨进晋、姜皓、曹正松、吴祖珍、陈超、张铁军也参与本书部分内容的编写，在此表示深深的谢意！

尽管作者对书中的案例精益求精，但疏漏之处仍然在所难免。如果您发现书中的错误或某个案例有更好的解决方案，敬请登录售后服务网址向作者反馈。我们将尽快回复，并在本书再次印刷时予以修正。

编著者

CONTENTS 目录

第1章 初识New iPad

第2章 New iPad快速体验

第3章 New iPad与电脑的同步操作

第4章 个性化我的New iPad

第5章 New iPad与网络生活

第6章 New iPad生活好帮手

第7章 New iPad办公商务通

第8章 New iPad休闲娱乐

第9章 New iPad越狱

第10章 New iPad人气配件选购

第1章

初识New iPad

iPad的娱乐性是众所周知的，如今New iPad已经面市，喜欢iPad的玩家，可以通过本章对New iPad进行初步的了解。

1.1 什么是New iPad

iPad定位介于苹果智能手机iPhone和笔记本电脑产品之间，通体只有4个按键。与iPhone布局一样，提供浏览互联网、收发邮件、浏览电子书、播放音频和视频、娱乐等功能。

1.1.1 New iPad的外观

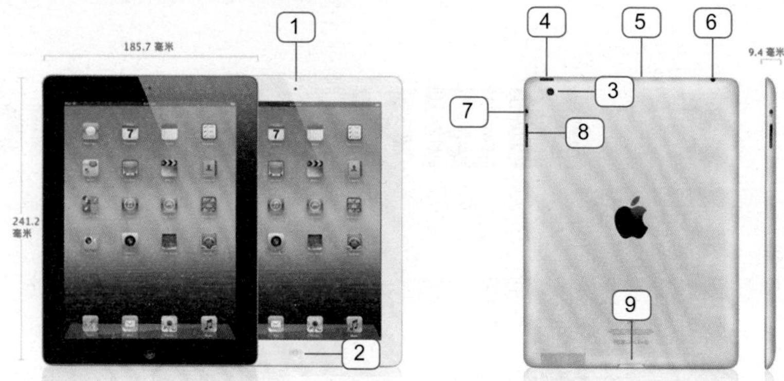

图1-1 New iPad的外观

❶ 正面相机：摄像、静态均为VGA（即摄像和拍照时分辨率均为640×480）品质的摄像头。

❷ HOME键（即主屏幕按钮）：能快速地回到主界面。

❸ 背面相机：摄像支持1080P HD全高清有声视频；静态摄像头具备5倍数字缩放功能，如图1-1所示。

❹ 电源键（即睡眠/唤醒按钮）。

❺ 麦克风接收孔。

❻ 耳机插孔。

❼ 侧边开关。

❽ 音量控制按钮。

❾ 基座接口。

1.1.2 New iPad随机附件

New iPad的包装箱中除了New iPad主机外，还随机附带了一些外用设备，这些设备包括：

❶ USB数据线：连接电脑上的USB端口进行同步和充电，或者是连接到Apple USB电源适配器从电源插座进行充电，如图1-2所示。

❷ Apple USB电源适配器：可以连接USB数据线为New iPad进行充电，如图1-3所示。

图1-2　USB数据线

图1-3　Apple USB电源适配器

除此之外，还有一份信息指南、一张保修卡和两张Apple标志的贴纸。

1.1.3　New iPad和iPad 2有什么区别

如表1-1所示，从列表中可以看出New iPad与iPad 2相比，从外形到内在都做了相当多的改进。

表1-1　New iPad和iPad 2参数对比

	New iPad	iPad 2
上市时间	2012年	2011年
操作系统	iOS 5.1	iOS 4.3
容量	16GB/32GB/64GB	
处理器	A5X双核、主频1.4GHz	A5双核、主频1GHz
摄像头	双摄像头，前置30万像素，后置500万像素iSight镜头	双摄像头，前置30万像素，后置70万像素
感应器	加速感应器，陀螺仪，环境光线感应器	Gyro三轴陀螺仪，方向感应器，环境光线感应器
产品尺寸	241.2mm × 185.7mm × 9.4mm	241.2mm × 185.7mm × 8.8mm
产品重量	652g（Wi-Fi版） 662g（Wi-Fi+4G版）	601g（Wi-Fi版） 613g（Wi-Fi+3G版）
运行任务	多任务运行	多任务运行
无线通讯	Wi-Fi/Wi-Fi+4G FDD-LTE	Wi-Fi/Wi-Fi+3G（WCDMA）

视网膜屏幕

New iPad最为重要的改变就是配备了一块9.7in（英寸）的高分辨屏幕，达到了2048×1536分辨率水准，平均每英寸的像素点为264个，被苹果称为“视网膜屏幕”（Retina Display），如图1-4所示。

图1-4　New iPad配备了高分辨屏幕

New iPad的分辨率是iPad 2的4倍，已经超过了普通的高清电视机，这一切都要归功于SHA（Super High Aperture，高密度孔径技术）的运用，SHA使New iPad拥有更高的分辨率，相当于在统一液晶面板上开了更多的“空洞”，因此分辨率得到了巨大的提升。

处理“心脏”的提升

New iPad使用的A5X依旧为双核处理器，并没有像外界传闻的那样升级到四核A6处理器（如图1-5所示）。但其内嵌的图像处理GPU已经提升至四核，这完全是为了配合高分辨率的屏幕，也是为了进一步提升游戏画面的质量。

图1-5　New iPad使用了A5X处理器

iSight摄像头

此前iPad 2的后置摄像头仅为70万像素，而前置30万像素的摄像头的表现使移植到iPad 2上的Facetime功能大打折扣。

New iPad将后置摄像头提升至500万像素，镜头组采用5片光学镜片、红外滤光片、具有F2.4的光圈，支持自动对焦和自动曝光等功能，同时支持1080P视频录制功能，如图1-6所示。由于摄像头像素的增加，使拍摄效果得到更加完美的展现，而前置摄像头则变化不大。

图1-6　New iPad后置的iSight摄像头

高清视频录制

支持1080P视频录制（分辨率为1920×1080）相信是许多用户期盼已久的功能，发布会上还特别强调了内置的软件级图像稳定技术，从此结束了iPad摄像是鸡肋的时代，如图1-7所示。

图1-7　New iPad支持高清视频录制

高清视频的摄录不仅需要有高清摄像头的支持，同时提升至四核的GPU也起到决定性的因素。

不完美的Siri

自从iPhone 4S拥有了Siri后，分析师普遍认为苹果会尽快将此项具有“划时代”意义的功能部署在New iPad上，然而苹果在New iPad中仅添加了语音听写（Voice Dictation），且此功能也需要网络的支持才能正常工作，如图1-8所示。

图1-8　New iPad仅支持语音听写功能

4G网络

New iPad支持4G FDD-LTE网络让其数据通讯能力大大增强，虽然4G现在对于我们来说稍有些远。4G FDD-LTE作为现今全球最高速的蜂窝网络，其数据传输速率超过100Mbit/s，是移动电话数据传输速率的1万倍，是3G移动电话速率的50倍，也就是说用户可以用超快的速度浏览网络、传输文件或下载应用。

1.1.4　需要准备的辅助设备

单凭New iPad主机本身是不能够进行联网及与PC同步等操作的，所以还要准备一些辅助New iPad工作的设备。

❶ 一台Windows系统或Mac系统的电脑。

❷ 一台无线路由器。可以使New iPad利用Wi-Fi无线上网，如图1-9所示。

图1-9　无线路由器

③ iTunes软件以及iTunes Store账户。将所有音乐、电影、电子书、游戏等都交给它来管理，如图1-10所示，而iTunes Store账户可以在商店中搜索各类有趣的应用。

图1-10　下载iTunes软件

1.2　iOS5带来的变化

通知中心

提示信息全部规整合至一处，方便至极，如图1-11所示。用户会在iOS设备上接收到各种通知：新的电子邮件、文本信息、好友请求以及更多消息，通知中心可以让用户方便地跟踪管理全部通知。

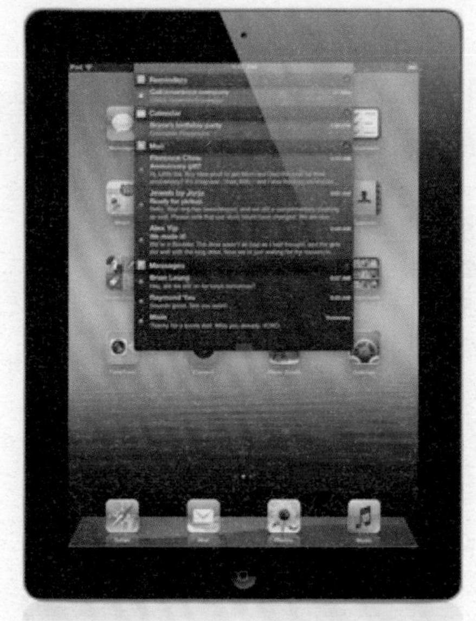

图1-11　通知中心

提醒事项

在需要提醒自己不要忘记做某事的时候，只要拿出iPad、iPhone或iPod touch，随手记下就好了。在提醒事项中，可用待办事项列表

来打理自己的生活，列表中包含完整的截止日期和位置信息。

iMessage

借助iMessage，苹果为iOS 5用户打造了全新的信息服务，如图1-12所示。用户可以使用iPad、iPhone或iPod touch通过Wi-Fi或3G/4G网络与这些设备的用户发送不受约束的文本信息。

图1-12　iMessage

报刊杂志

所有订阅信息全都归整一处，在iOS 5中可以利用报刊杂志功能归纳、整理用户订阅的杂志和报纸应用软件，在这个报刊杂志文件夹中，可以迅速轻松地获得喜爱的刊物，如图1-13所示。

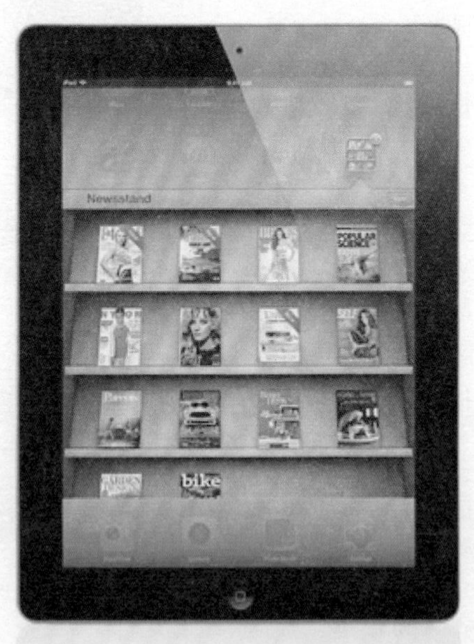

图1-13　报刊杂志

相机功能

iOS 5中全新相机功能可以从锁定屏幕直接打开相机应用软件。使用网格线、双指开合缩放手势以及轻点聚焦和曝光锁迅速构图，然后点按音量增大按钮抓拍想拍摄的照片。如果已经设置iCloud支持照片流，照片就会自动下载到其他所有苹果设备上。

Safari

iOS 5为iPad、iPhone或iPod touch带来了更多网页浏览功能。Safari阅读器显示的网络文章不含广告或杂乱的信息，让用户心无旁贷地专注阅读。阅读列表可以让用户保存有趣的文章，以便日后细读，而iCloud会更新设备上的阅读列表，如图1-14所示。

图1-14　Safari

照片

在照片应用软件中，用户可以轻松进行裁切、旋转、增强效果以及消除红眼操作，还可以在相簿中整理照片。上述操作均可在设备中完成。借助iCloud，还可以将照片推送至所有的iOS设备。

PC Free

iOS 5不再需要借助电脑为iPad、iPhone或iPod touch进行同步，开箱即可用无线方式激活设备并进行设置，直接在设备上下载免费的iOS软件更新。

多任务手势操作

iOS 5包含多个新动作与快捷操作方式，用户可以在iPad中更加迅速地操作，如图1-15所示。使用四指或五指向上轻扫，可显示多任务处理栏、双指合拢即可返回主屏幕、向右或向右轻扫即可在不同应用软件间实现切换。

图1-15　多任务手势操作

1.3　认识New iPad的iOS界面

iOS是由苹果公司为iPad、iPhone或iPod touch设备开发的操作系统，系统操作占用大概240MB的存储器空间。

1.3.1　iOS界面详解

iOS的用户界面能够使用多点触控直接操作。控制方法包括滑动、轻触开关及按键。与系统交互的方法包括滑动、轻按、挤压及旋转。另外，通过其内置的加速器，可以令其旋转改变其Y轴以使设备屏幕改变方向，这样的设计让iPad的使用更加方便。

❶ 状态条：现实网格信号强度、时间、剩余电量等信息，如图1-16所示。

❷ 程序区：一页可以放置20个应用图标，最多支持11个页面，程序区的下方是页面指示，显示了当前页面位置及页面数。

❸ 任务栏：不会随主界面的切换而改变的停靠栏，可以放置6个图标。

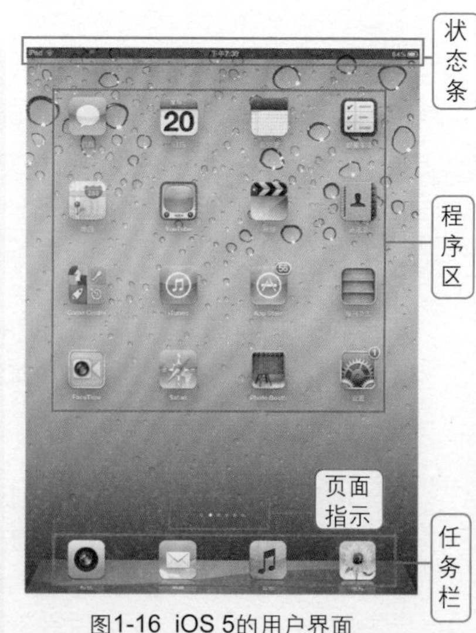

图1-16　iOS 5的用户界面

1.3.2 状态条图标含义

用户在使用New iPad时会看到上方的状态条中出现了各种图标，这些图标都有什么含义呢？下面就来详细讲解，如表1-2所示。

表1-2 状态条图标含义

名称	含义	图标	Wi-Fi	3G
✈	飞行模式	表示飞行模式已经打开，不能登录互联网，也不能使用蓝牙设备，但可以使用无线功能	√	√
3G	3G	显示运营商的无线网络是可用的，并可以通过3G接入互联网		√
E	EDGE	显示运营商的EDGE网络是可用的		√
o	GPRS	显示运营商的GPRS网络是可用的，并可通过GPRS接入互联网		√
	Wi-Fi	显示New iPad连接局域互联网，信号格数越多，则信号越强	√	√
	活动	显示网络和其他活动，某些应用程序也可以使用此图标表示活跃的进程	√	√
VPN	VPN	显示已使用VPN接入网络	√	√
	锁定	显示New iPad已锁定	√	√
	方向锁	显示屏幕方向已锁定	√	√
▶	播放	显示正在播放歌曲、有声读物或Podcast	√	√
	蓝牙	白色图标：蓝牙已打开并已连接设备； 蓝色图标：蓝牙已打开但没有连接设备	√	√
	电池	显示电池的电量或充电状态	√	√

1.3.3 New iPad操作手势解析

iOS另一大特点就是多变的手势操作模式，支持多点触控的触摸屏能够让手势操作更加多样化。

1 在屏幕锁定界面中单指按住滑动解锁按钮，并向右侧滑动即可解锁，如图1-17所示。

图1-17　滑动解锁

2 在主屏幕上可以用单指或多指进行左右滑动，以切换屏幕，如图1-18所示。

图1-18　左右滑动切换屏幕

3 在文字阅读、地图、相册等页面中做两指张开动作可以进行放大操作，如图1-19所示。而做两指合拢动作可以进行缩小操作，如图1-20所示。

图1-19 两指张开放大

图1-20 两指合拢缩小

4 在开启设置中的多任务手势后，在任意界面中用四指或五指向上滑动，即可调出“多任务处理”状态栏，如图1-21所示。

图1-21　多指向上滑动

5 在任意程序中四指按住屏幕向左或右滑动，可以切换其他已开启的程序，如图1-22所示。

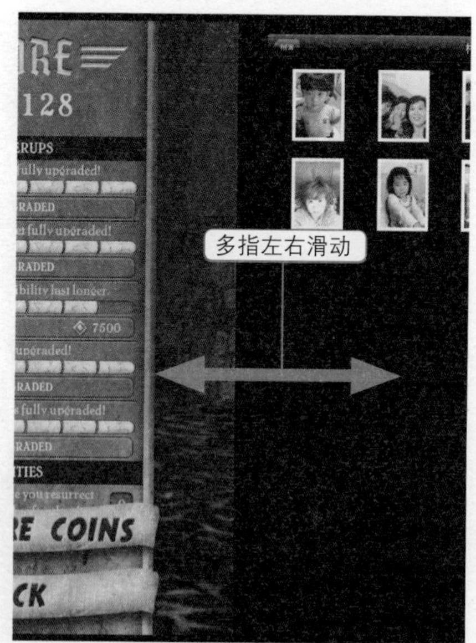

图1-22　多指左右滑动

6 在任意应用界面中用四指或五指向内做收拢动作，可以回到主屏幕，如图1-23所示。

图1-23　多指向内收拢返回主界面

1.3.4　如何使用下方的Dock

Dock即Dockbar（停靠栏）的缩写。停靠栏，一般安装在MAC OS或Linux系统上的替代面板（Windows中称任务栏和快速启动栏），如图1-24所示，初始的Dock只有4个应用功能。

停靠栏一般都支持3D特效，看起来非常炫，iOS操作系统承袭了MAC OS的Dock界面，但为节省资源省略了动画特效。下方的Dock不会随着屏幕的滑动而变化，方便用户随之调取使用。

图1-24　屏幕下方的Dock

读书笔记

第2章

New iPad快速体验

对于刚买到的New iPad，你对这个新朋友有足够的了解吗？在看完New iPad的新特性之后，让我们从基本的使用方法开始，领略New iPad的独特魅力吧！

2.1 New iPad的基本使用方法

初次接触New iPad，怎么才能打开它？是不是需要触屏笔才能进行控制？没有发现键盘怎么办？不要着急，看完本节就能轻松上手New iPad了。

本节知识的讲解主要是针对从未用过iPad/iPhone/iPod Touch的用户，对以上产品的使用方法十分熟悉的用户可以跳过此节，因为它们的使用方法大同小异。

2.1.1 外部按钮及常用快捷键

在New iPad的外部控制按钮中，经常用到的是“电源键”和“HOME键”，其中“电源键”负责New iPad的关机和开机以及切换睡眠/唤醒状态，而按下“HOME键”后屏幕页面将处在当前状态。

另外还有“静音/屏幕旋转”和“音量控制”等外部按钮，以及前置和后置两个摄像头，如图2-1所示。在HOME键下方有一个外接数据口，将数据线插在该口上可以进行充电和与电脑连接等操作。

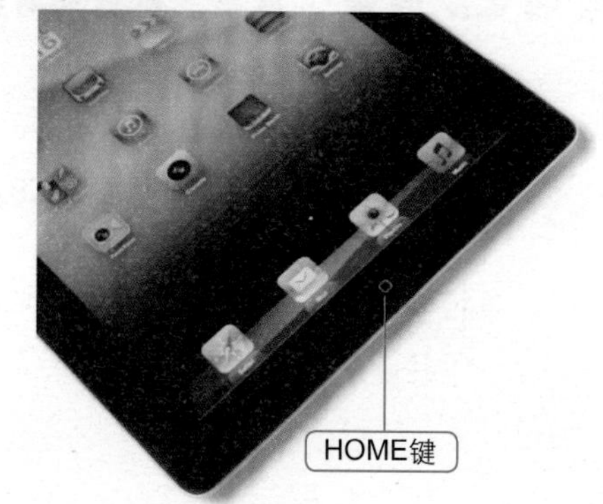

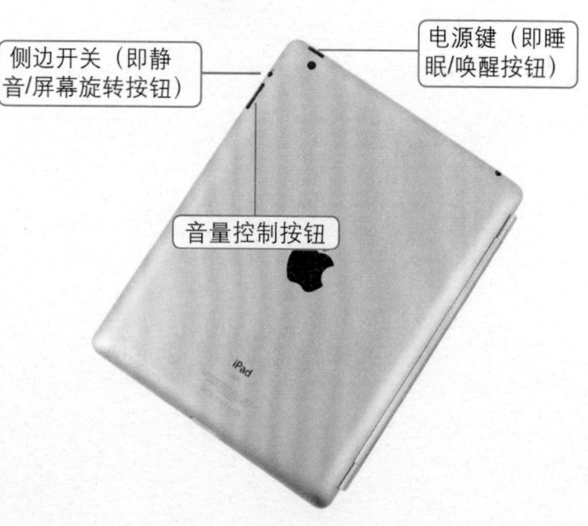

图2-1 New iPad外部控制按钮

此外，New iPad中有如下快捷键：

- 按下“HOME键”：可从当前操作页面回到主界面，并退出当前程序。
- 按下“HOME键”+“电源键”：可对当前页面进行截屏。
- 按住“HOME键”+“电源键”约10s（秒）：对New iPad进行强制关闭，一般适用于死机状态。
- 按下“电源键”：可以切换睡眠/唤醒状态。
- 长按“电源键”：可以开/关机。

2.1.2　开/关机及进入待机状态

拿到New iPad时，首先需要开机，然后才能进行更深入的操作。了解完New iPad上的外部按钮，现在来学习如何开/关New iPad。

如何开机

1 按住“电源键（即睡眠/唤醒按钮）”，如图2-2所示。

2 直到屏幕中心出现白色的苹果标志，即可松开电源等待New iPad启动，如图2-3所示。

图2-2　按住电源键

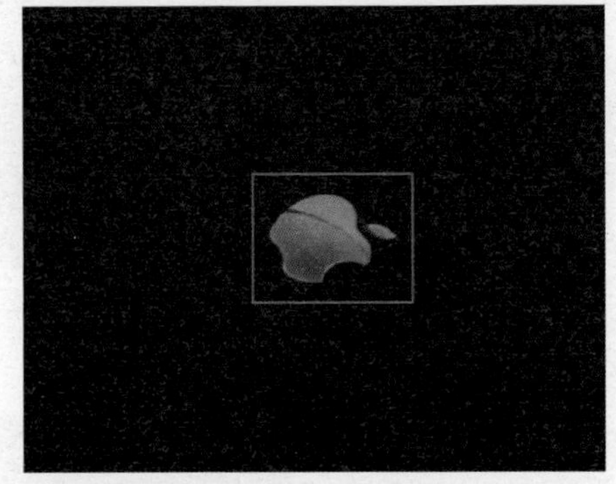

图2-3　屏幕出现苹果标志

如果设置了密码需要先输入密码才能进入主界面。前面介绍了New iPad的主界面分为3个部分，从上至下为：状态条（时间和电量）、程序区（每个程序图标下有程序名）和任务栏（4个固定的系统功能，每个功能下有功能名）。

进入待机状态

在任何界面上按下New iPad上方的睡眠/唤醒按钮，屏幕则进入黑屏状态，此时即进入待机状态，如图2-4所示。

图2-4　按下电源键

如何关机

1 按住“电源键”，如图2-5所示。

图2-5　按住电源键

2 滑动屏幕上方的“移动滑块来关机”到右侧，即可关机，如图2-6所示。

图2-6　移动滑块关机

3 点击下方的“取消”按钮，则可以取消关机操作，如图2-7所示。

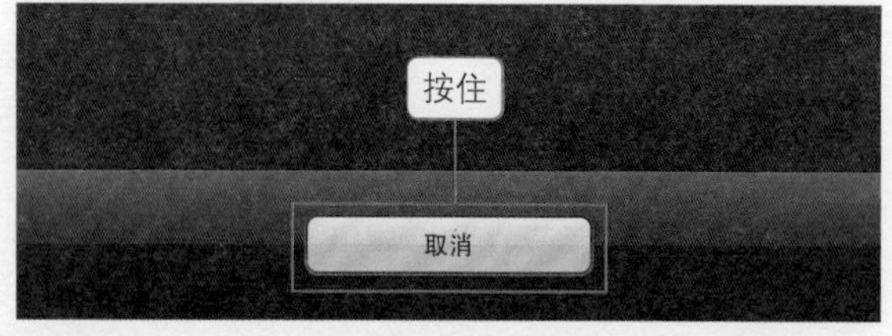

图2-7　取消关机操作

2.1.3　横竖屏变换

New iPad支持方向感应，轻轻将New iPad横过来，系统能自动识别方向，New iPad的界面也跟着横过来了，如图2-8所示。

图2-8　竖持和横持状态下的屏幕显示对比

2.1.4　屏幕键盘输入

虽然当前有很多厂商生产了适合New iPad使用的外接键盘，但是使用最多的还是New iPad内部的便捷屏幕键盘。这个内部键盘与外部键盘的排列方式等都是一样的，所以用户就像是在用外接键盘，只是没有了敲击键盘的声响。

下面以填写备忘录为例，简单介绍在New iPad上使用屏幕键盘进行文本编辑的方法。

1 在主界面上点击“备忘录”的图标，进入其主界面，如图2-9所示。

图2-9　点击程序图标

2点击记事本的文本栏，屏幕下方出现小键盘，与硬件键盘使用方法类似，图2-10中的小键盘上对应编号的按钮功能分别为：（从上至下、从左至右）①Shift；②字母或标点符号；③英文、拼音和手写间切换；④回车；⑤收回键盘，如图2-10所示。

图2-10　屏幕输入键盘

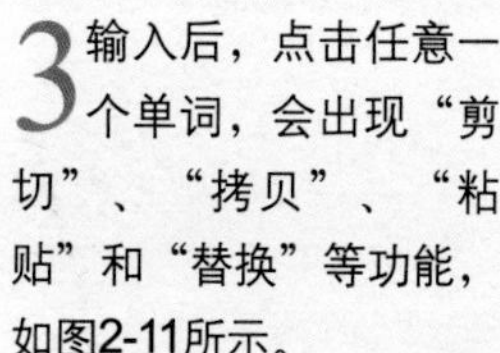

3输入后，点击任意一个单词，会出现“剪切”、“拷贝”、“粘贴”和“替换”等功能，如图2-11所示。

图2-11　文本编辑快捷菜单

4在文本中按住任意位置不动，将出现一个小小的放大镜，供用户看清该处的文本，同时左右移动放大镜将移动光标位置，放开放大镜后光标停止在移动后的位置，如图2-12所示。

图2-12　文本放大镜

2.1.5　退出程序

New iPad的iOS系统，支持多任务同时进行，正常情况下按HOME键能退出当前程序，但很多时间程序并没有完全退出，只是在后台运行占用着内存。

那么怎么让程序完全退出呢？

1 两次点击HOME键。

2 主界面下方出现一些在后台运行的程序，长时间按住其中一个图标，如图2-13所示。

3 进入编辑状态，图标的左上角都出现一个减号，点击该减号就退出了对应的程序，如图2-14所示。

图2-13　按住图标

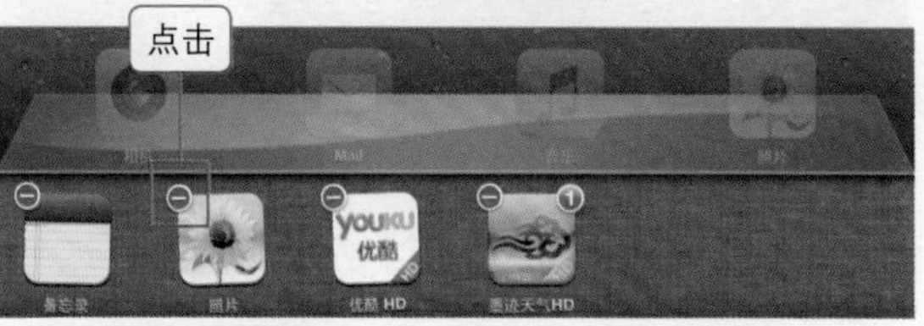

图2-14　点击减号退出程序

再次点击HOME键退出编辑状态，再点击HOME键退出后台程序列表，回到主界面。

2.2　对New iPad进行基本设置

学会了如何使用New iPad，接下来对它进行一些初级的设置。首先，用户需要调整设备所在的地点时间及语言，这样才能减少在使用中所带来的误差，以便用起来顺手。

2.2.1　更改显示语言

1 点击主界面上的“设置”图标，进入设置页面，如图2-15所示。

2 在左侧选择“通用”，在右侧的页面中向上滑动到页面底部，点击“多语言环境”选项，进入多语言环境页面，如图2-16所示 。

图2-15　点击“设置”图标

图2-16　通用选项界面

3 将语言设置为“简体中文”，如图2-17所示。

图2-17　“语言”设置选项

4点击“键盘”选项，进入键盘设置页面，其中可以添加键盘，选择适合自身语言的键进行添加即可，如图2-18所示。

图2-18 “键盘”设置选项

5点击“区域格式”选项，可以按照所在区域的习惯设置日期时间显示方式，如图2-19所示。

图2-19 “区域格式”设置选项

6 点击“日历”选项，可以设定日历的种类，如图2-20所示。

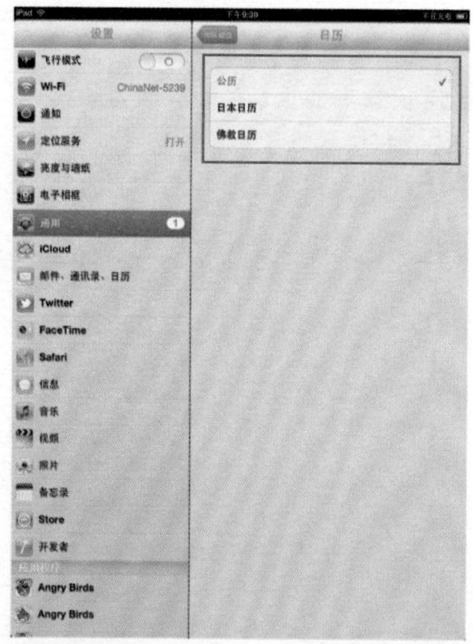

图2-20 “日历”设置选项

在“多语言环境”设置选项界面最下方的“区域格式示例”，可以查看时间日历的显示方式。

2.2.2 修改日期时间

1 进入“设置”页面，点击左侧的“通用”选项，在右侧的页面中点击“日期与时间”选项，如图2-21所示。

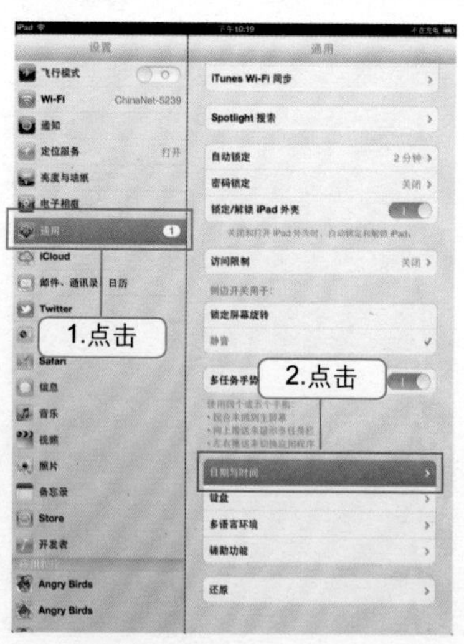

图2-21 通用选项界面

2 点击“24小时制”格式，将其关闭即可切换为“12小时制”格式显示，如图2-22所示。

图2-22　“日历”设置选项

3 点击“自动设置”开关，将其关闭后，即可在页面中显示“日期与实践”选项。首先，点击“时区”选项，会要求输入所在城市名称，按名称确定时区，如图2-23所示。

图2-23　“时区”设置选项

4 点击“日期与时间”选项，会弹出设定时间与日期的滚动调节器，如图2-24所示，可以很方便地设定日期与时间。

图2-24　“日期与时间”设置选项

2.2.3　调节字体大小

相比于电脑屏幕，New iPad的屏幕还是比较小，如果在阅读网页、记事或在查看文本时出现看不清楚的情况，只需调整一下字体大小就可以了。

1 进入“设置”页面，点击左侧的“通用”选项，在右侧的页面中点击“辅助功能”选项，如图2-25所示。

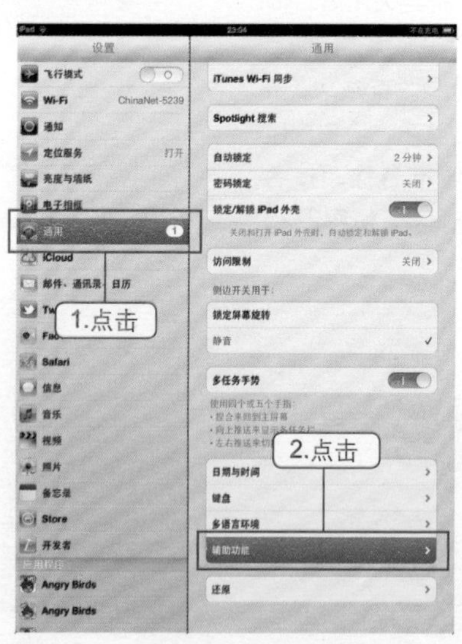

图2-25　通用选项界面

2 点击“大文本”选项，如图2-26所示。

图2-26 “辅助功能”设置选项

3 进入“大文本”界面后，选择并点击需要的字体大小即可，如图2-27所示。

图2-27 “大文本”设置选项

4 设置完成后，打开备忘录看一下效果，字体确实变大了，如图2-28所示。

图2-28　设置字体后效果

2.2.4　开启或关闭侧边键

New iPad的侧边开关在默认状态下是控制声音静音的开关，经过设置后，可以变更为锁定屏幕旋转的开关，这样就能将显示屏锁定为横向或纵向模式。

这个可选的屏幕锁定功能对于喜欢躺着使用New iPad的用户来说，实用性确实比较高。

1 进入"设置"页面点击"通用"选项，在右侧页面中的"侧边开关用于"选项下点击"锁定屏幕旋转"或"静音"选项，可以在两种功能中切换，如图2-29所示。

图2-29　"侧边开关用于"设置选项

如果启用了屏幕旋转锁后，则无论如何手持New iPad，显示屏始终处于横向或纵向模式。而如果选取静音将停用音频警告和通知，但这不会使音频播放（如音乐、Podcast、影片和电视节目）静音。

2 设置侧边开关功能后，在任务栏中的功能开关页面，可以看到没有被设置到侧边键开关的功能，如图2-30所示。

图2-30　没有被设置的功能

2.2.5　查看iPad的信息

1 进入“设置”页面点击“通用”选项，在右侧页面中点击“关于本机”选项，即可打开本机信息列表，如图2-31所示。

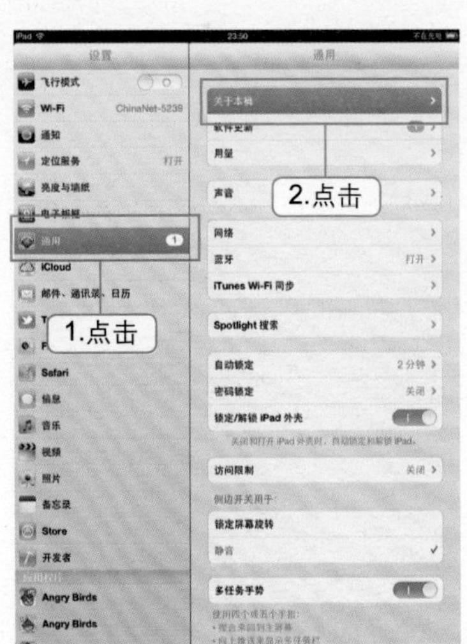

图2-31　通用设置选项

2 在本机信息列表中可以查看歌曲、视频、照片、应用程序、总容量、可用容量，以及iPad正在运行的操作系统版本型号和序列号等，如图2-32所示。

图2-32 “关于本机”选项

第3章

New iPad与电脑的同步操作

通过连接电脑可以让New iPad与PC进行资料同步，有助于通过PC管理New iPad中的资料。苹果公司提供的iTunes就能为iPad提供同步的功能。

3.1 New iPad如何连接PC

New iPad连接PC的方法很简单，只需要准备两样必备工具即可进行连接。

3.1.1 连接PC需要什么工具

1 让New iPad连接PC，首先要准备一根专用接口的数据线，如图3-1所示，这样才能将New iPad与PC进行连接，一般购买New iPad时就标配了这根数据线。

图3-1 USB数据线

2 下载iTunes软件并安装于PC中，进行New iPad的同步管理，如图3-2所示。

图3-2 iTunes软件界面

3.1.2　如何进行连接

1 使用New iPad附带的数据线，将iPad连接到Mac或PC的USB 2.0端口，如图3-3所示。

图3-3　将iPad连接到电脑

2 启动电脑中的iTunes软件，若New iPad已经激活，软件会自动读取连接到New iPad，这样连接就完成了，如图3-4所示。

图3-4　iTunes软件读取连接到iPad

3.2　iTunes功能简介

iTunes是New iPad连接电脑时不可或缺的一款同步管理软件，软件的获取和安装都非常简单。

3.2.1　iTunes介绍

简单来说，iTunes是苹果公司最热门的音乐软件，具有吸引人的功能，令人难以置信的iTunes音乐商店，成千上万首歌曲供用户选择，无论走到哪里都可以带着音乐。

同时，iTunes又是苹果公司所有数码设备与PC连接时所必备的数据终端，秉承了苹果公司一贯的设计风格，简单易用。

3.2.2 下载iTunes

1 进入苹果中国官方网站（http://www.apple.com.cn/），在首页上方的导航栏中单击“iTunes”标签，如图3-5所示。

图3-5　苹果中国官方网站

2 进入iTunes页面，单击页面中的iTunes的“免费下载”按钮进入下载页面，如图3-6所示。

图3-6　iTunes页面

3 网页将按照用户的PC系统跳转到相应版本的下载页面，单击页面中的“立刻下载”按钮即可下载iTunes，如图3-7所示。

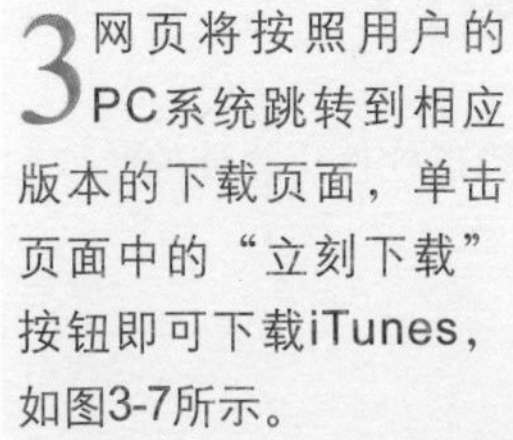

图3-7　iTunes下载页面

3.2.3 安装iTunes

1 运行下载到电脑中的iTunes安装程序，如图3-8所示。

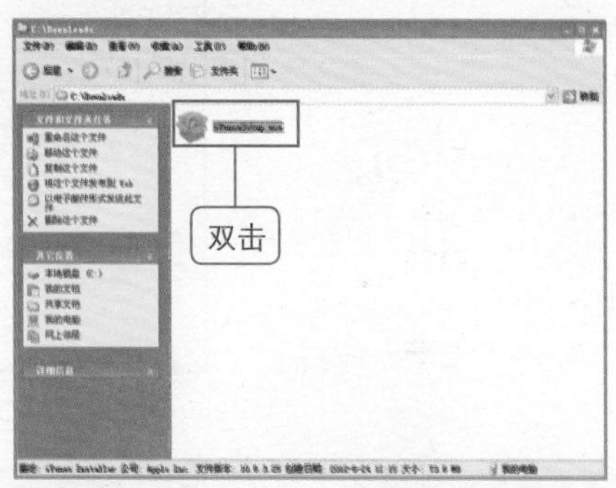

图3-8 运行安装程序

2 iTunes将收集用户电脑内的信息，以便于进行安装，进入iTunes的安装页面，单击“下一步”按钮继续进行安装，如图3-9所示。

图3-9 iTunes安装页面

如果是首次安装，将出现许可协议页面，从中选中“我接受许可协议中的条款”单选按钮后，进入下一步安装。

3 在安装选项页面中选择iTunes的安装语言及安装路径。一般默认选择进行安装即可，如图3-10所示。

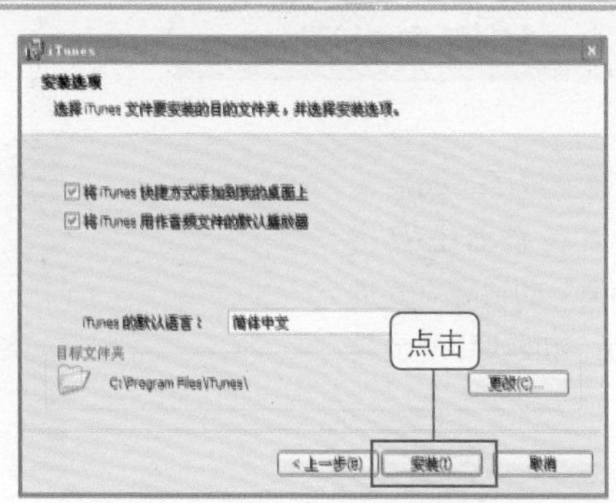

图3-10 iTunes安装选项页面

4 进入到安装状态页面，这里需要做的只是等待，如图3-11所示。

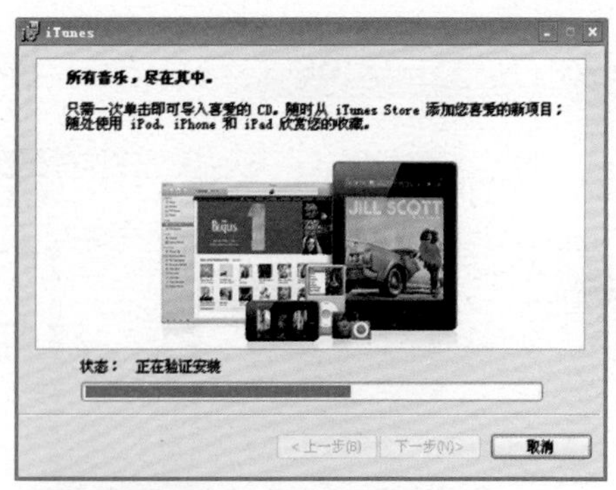

图3-11　安装过程等待

5 稍作等待后即完成了iTunes的安装并进入安装完成页面，单击“结束”按钮退出安装程序，如图3-12所示。

图3-12　iTunes安装结束

安装完成后需要重启电脑，方可启动iTunes进行操作。

3.2.4　如何启动iTunes

1 安装完成iTunes后，可以在桌面上双击“iTunes”的快捷方式进行启动，如图3-13所示。

图3-13　运行程序

2 如果不慎将桌面图标删除，可以在电脑的“开始”菜单中的所有程序选项中启动iTunes程序，如图3-14所示。

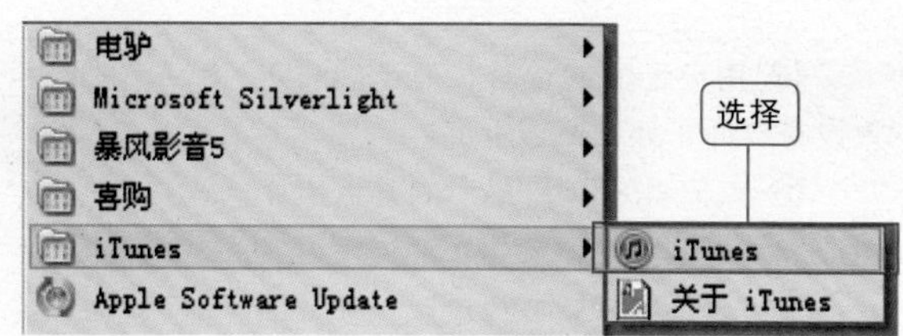

图3-14 开始菜单运行程序

3.2.5 iTunes的主界面介绍

iTunes的主界面如图3-4所示，下面对每个部分的功能进行详细介绍。

❶ 菜单栏：所有iTunes的功能都可以在这里找到，如图3-15所示。

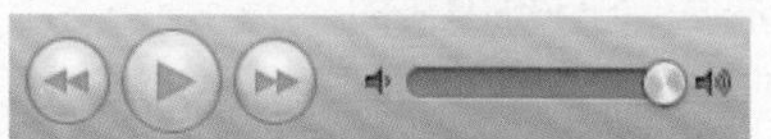

图3-15 菜单栏

❷ 播放控制区：在这里用户可以播放/暂停音乐，切换到上一首/下一首，调节音量大小，如图3-16所示。

图3-16 播放控制区

❸ 资料库标签：点击相应图标可以在音乐、影片和电视节目等之间切换显示，如图3-17所示。

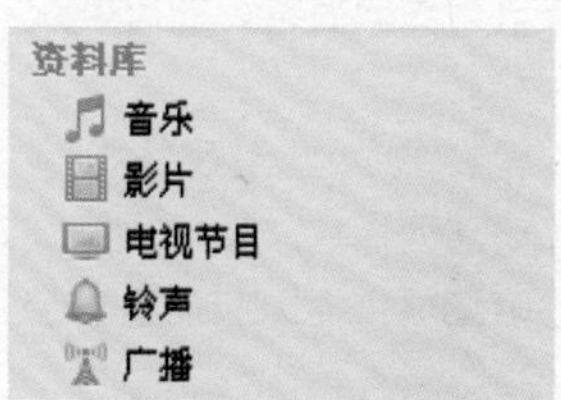

图3-17 资料库标签

❹ iTunes Store：在这里可以点击进入iTunes Store，如图3-18所示。当完成一次歌曲、MV或电影的购买以后，它们将会自动添加到“已购买”这个列表中。

图3-18 iTunes Store

需要注意的是，通过合法途径购买的正版软件，当软件推出新版本时可以免费升级，无需再次付费。但是歌曲、MV和电影等内容则不行，您购买的只是单词下载机会，一旦它们完成下载，再次下载还是需要付费。

❺ 用户连接的设备：点击即可进入设备界面，如图3-19所示。

图3-19　用户连接的设备

❻ 家庭共享：在用户的几台电脑组成局域网的前提下，可以通过家庭共享，自由传输在任意一台电脑上购买的项目，如图3-20所示。

图3-20　家庭共享

❼ Genius：如果用户是一个爱好听欧美歌曲的人，Genius是一个非常棒的功能，如图3-21所示。当用户的电脑有Internet连接的时候，第一次单击Genius，它会提示用户打开Genius功能，然后当输入Apple账户并同意相关协议后，Genius会自动收集电脑媒体库的信息，然后发送给Apple资料库，从而获得最适合的Genius曲目。

图3-21　Genius

❽ 播放列表栏：这里列出了所创建的所有播放列表或语音备忘录列表，用户可以很轻易地查看播放列表包含的曲目或更改播放列表的名称，如图3-22所示。

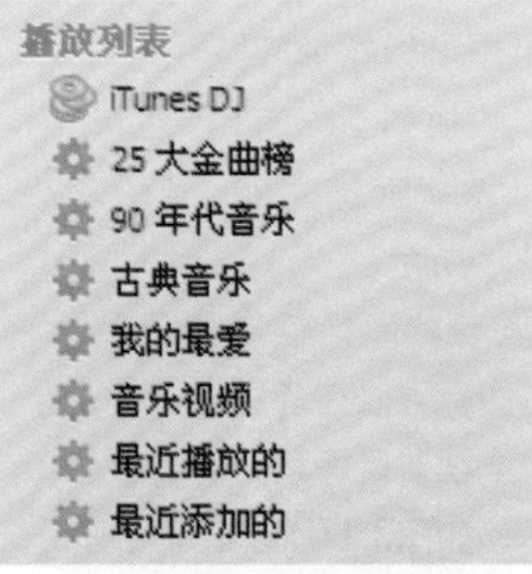

图3-22　播放列表栏

❾ 从左至右依次为创建播放列表、打开或关闭随即播放、循环播放方式以及显示或隐藏项目插图和视频显示窗口，如图3-23所示。

图3-23　播放方式快捷键

❿ 检查更新：如有更新的软件的版本，则可点击进行升级。恢复：点击该按钮，则将iPad恢复为出厂设置，所有数据都会丢失，如图3-24所示。

图3-24　检查更新

⑪ iPad相关信息：此处显示iPad的名称、容量、软件版本及序列号，如图3-25所示。

⑫ 搜索：强大的搜索功能，让用户快速地在媒体库中定位所需的资源，如图3-26所示。

⑬ 媒体库显示方式：依次为以歌曲列表、专辑列表、网格和Cover Flow显示项目，用户可以根据自己的喜好进行设置，如图3-27所示。

⑭ 同步信息栏：点击切换不同选项卡，以同步所需资料，如图3-28所示。表3-1列出了各种选项卡的信息。

图3-25　iPad相关信息

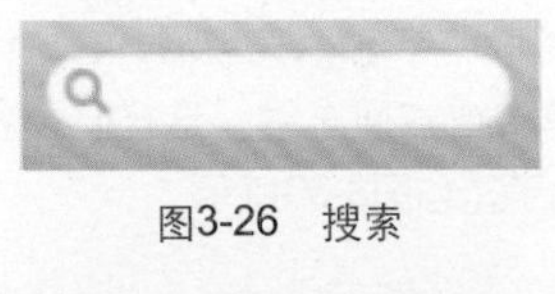

图3-26　搜索

图3-27　媒体库显示方式

摘要　信息　应用程序　铃声　音乐　影片　电视节目　照片

图3-28　同步信息栏

表3-1　同步信息栏选项卡的信息

摘要	可以查看iPad的相关信息，包括iPad名称（iPad第一次连接到iTunes时系统自动设置，以后可以更改名称）、iPad容量（用户空间大小）、版本（iPad版本）、序列号。“检查更新”按钮用来对iPad的固件进行升级（仍保留iPad用户空间内的数据）。“恢复”按钮用来将iPad恢复到原始设置，iPad内的所有数据将会被抹除
信息	可以对“通讯录”、“日历”、“邮件账户”和“Web浏览器（书签）”等单独进行设置，以确定是否同步
应用程序	可将通过iTunes Store购买或添加到资料夹中的应用程序同步到iPad上
音乐	可同步已经导入iTunes资料库中的音乐
影片	可同步已经导入iTunes资料库中的影片
电视节目	可同步已经导入iTunes资料库中的电视节目
图书	可同步已经导入iTunes资料库中的书籍，支持的格式有EPub和PDF
照片	可定义本地电脑中得图片文件夹，并同步到iPad上

3.2.6 给New iPad改个名

熟悉完iTunes的界面之后，就看看如何给New iPad修改名称吧！

1 将New iPad与电脑连接，打开iTunes主界面，选中设备栏下的“copy”，在键盘上按下“F2”键，如图3-29所示。

2 输入想要修改的名字，如输入“copymouse”，输入完成后，将鼠标在任意地方单击或按回车键，这样iPad名字就修改成功了，如图3-30所示。

图3-29 选中设备

图3-30 重命名设备

3.3 利用iTunes进行账户管理

拥有一个iTunes账户不仅可以下载软件，还可以将用户账户授权给多台电脑，让这些电脑拥有共同的资料库。

3.3.1 账户获取

建立iTunes账户可以更好地管理New iPad，并能够开启更多的iTunes功能。

1 运行iTunes软件之后，在菜单栏中依次点击“Store”→“创建账户”，如图3-31所示。

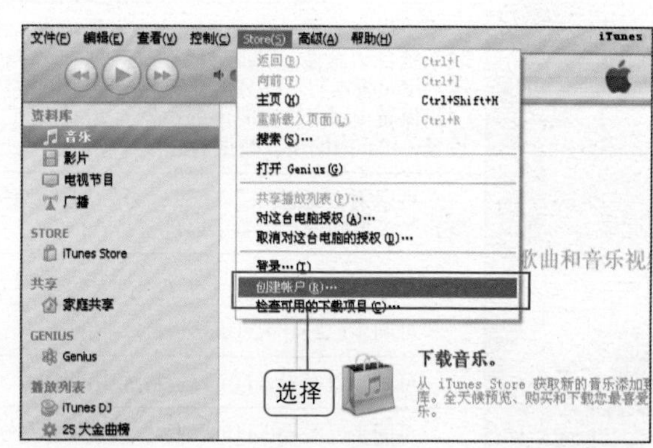

图3-31 创建账户

2 当填写完账户信息后，会发现有一个步骤要求填写付费方式，如图3-32所示。

图3-32　需要选择付款方式

目前iTunes Store仅提供银行卡及VISA、MASTER、美国运通三种信用卡作为付款方式，这时候就需要用户输入自己的银行卡或信用卡信息以便用来支付购买软件的费用。那么有没有免费的账户可以使用呢？当然有，下面就为大家介绍如何申请一个免费的Apple账户。

1 运行iTunes软件，在左侧列表中点击“iTunes Store”，进入“iTunes Store”页面，如图3-33所示。

图3-33　iTunes Store界面

2 将滚动条下拉至免费App处，并点击任一免费应用程序图标，此处以“Weico HD”为例，如图3-34所示。

图3-34　选择下载软件

3 点击进入“Weico HD-微博客户端”的介绍页面，点击“免费App”，如图3-35所示。

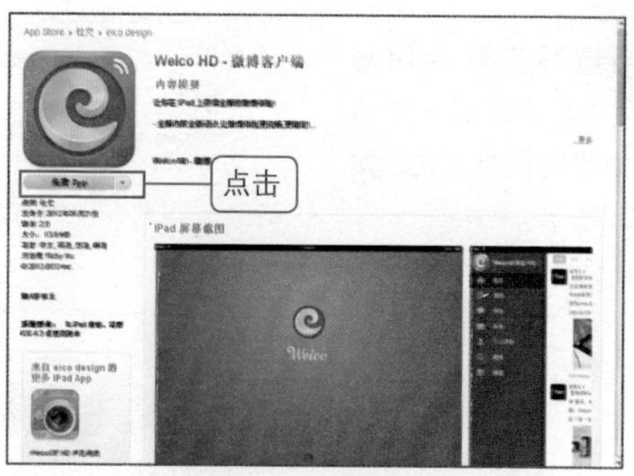

图3-35　下载软件

4 此时，将弹出一个登录框，若没有账户，单击“创建Apple ID”，如图3-36所示。

图3-36　“iTunes”对话框

5 进入iTunes Store的欢迎页面，点击“继续”，如图3-37所示。

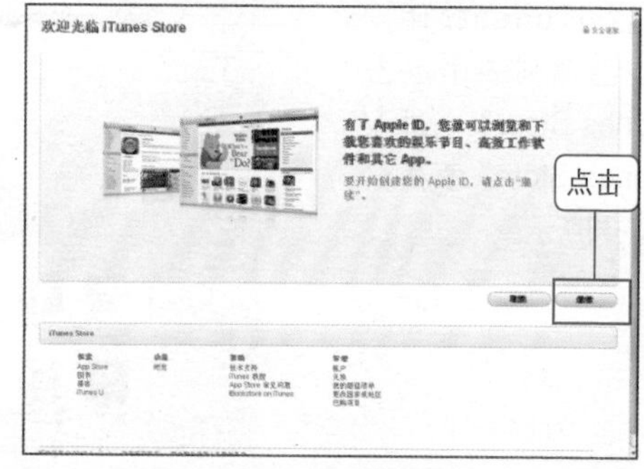

图3-37　欢迎界面

6 进入条款页面，选中“我已阅读并同意以上条款与条件”复选框，并点击“同意”继续注册，如图3-38。

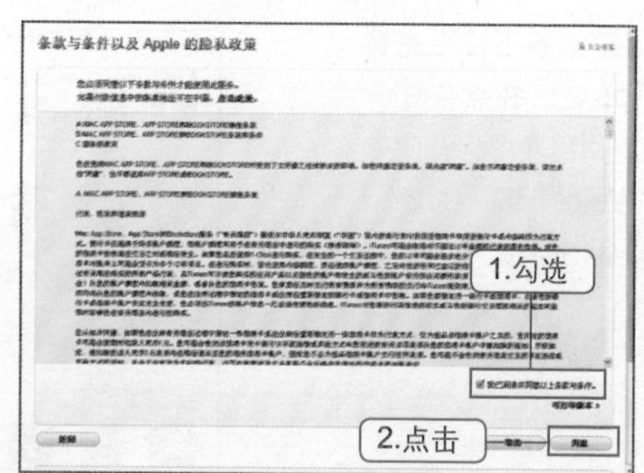

图3-38　条款界面

7 进入“创建iTunes Store账户”页面，填写用户相关信息，并点击“继续”按钮，如图3-39所示。

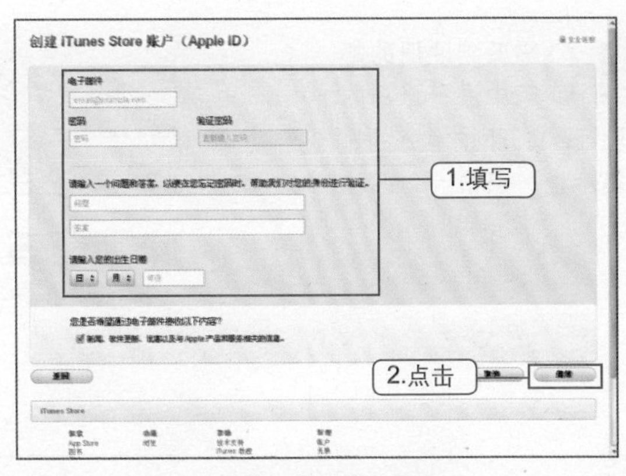

图3-39 创建账户界面

8 现在出现了“提供付款方式”页面，与之前相比，会发现此时付款方式中多了“无”这个选项，选中该选项，如图3-40所示，页面将自动跳转，在该页面中填写“地址”下的相关信息；

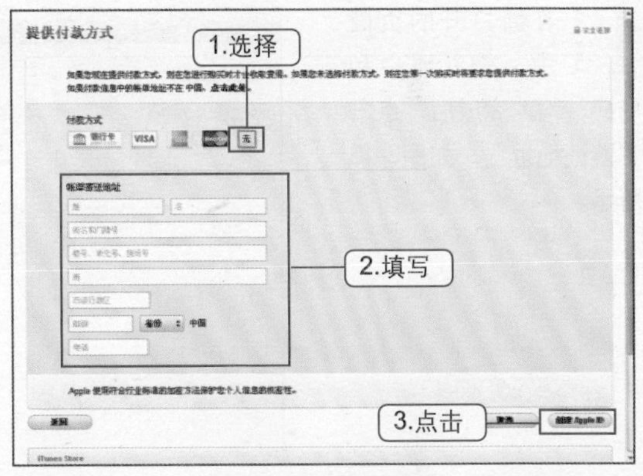

图3-40 条款界面

9 填写完成后单击“创建Apple ID”，此时，iTunes提示“验证账户”，点击“好”，如图3-41所示。

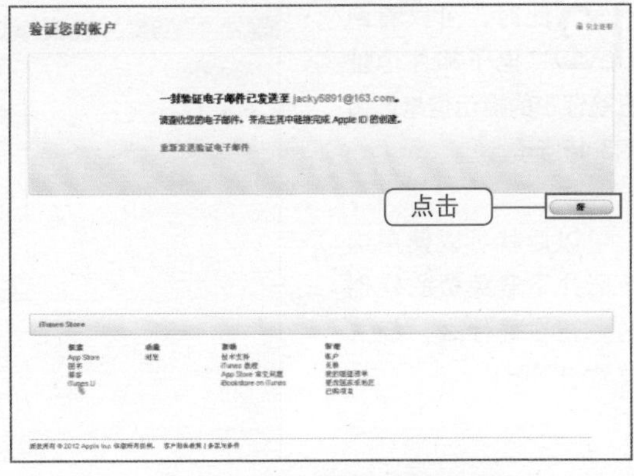

图3-41 验证账户提示

10 需要到注册的邮箱中进行账户的验证，打开刚才输入的邮箱地址，点击“立即验证”，如图3-42所示。

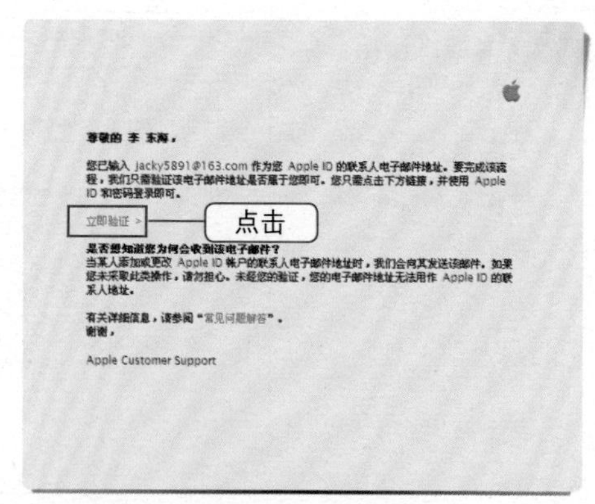

图3-42　登录邮箱验证

11 在新打开的页面中，输入账户和密码，输入完成后，点击“验证地址”，如图3-43所示。

图3-43　登录账户验证

12 此时，可以看到“电子邮件地址已验证”的提示信息，如图3-44所示。

以后就可以使用这个账户下载免费的软件啦。还在等什么，赶快体验一下吧！

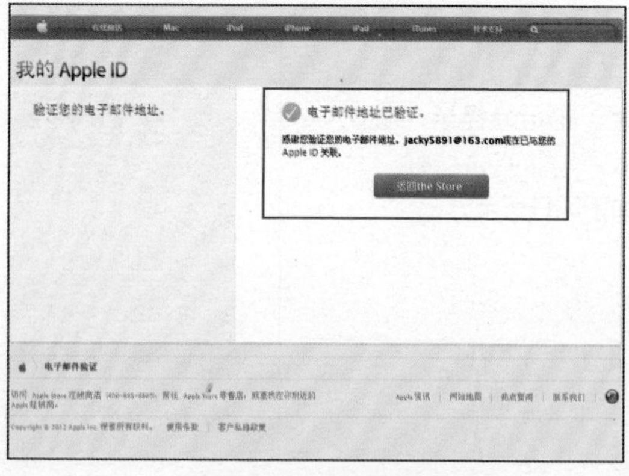

图3-44　账户验证成功

3.3.2　账户授权

在注册了iTunes账户之后，还需要使用该账户对您所使用的电脑进行授权。“授权”是指，同意使用该电脑通过iTunes向New iPad中同步资料。值得注意的是，每个账户最多只能对5台电脑进行授权。

1 在iTunes菜单栏中依次点击“Store”→“对这台电脑授权”，如图3-45所示。

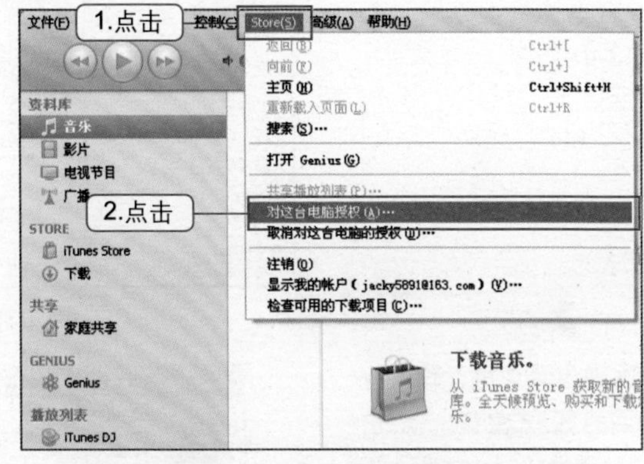

图3-45　“Store”下拉菜单

2 弹出登录框，输入您的账户密码，点击“授权”，如图3-46所示。

图3-46　“对这台电脑授权”对话框

3 授权成功后，iTunes弹出提示框，提示已使用该账户授权的电脑数量，点击“好”即可，如图3-47所示。

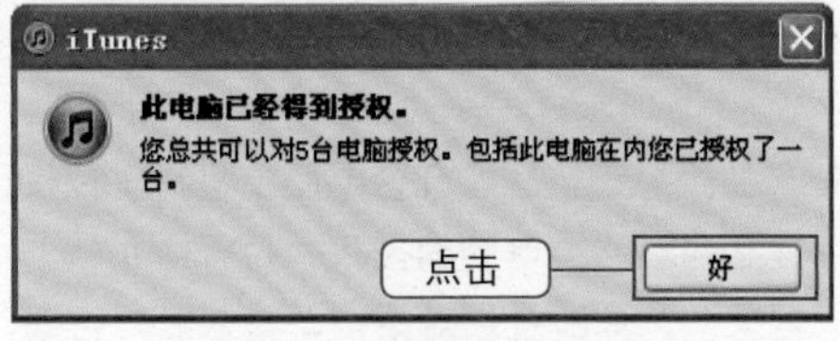

图3-47　“iTunes”对话框

3.3.3　解除授权

有时候我们很难避免在多台电脑上使用申请的账户来下载软件，这样就需要对所使用的电脑授权才可以对New iPad进行同步。但苹果公司关于iTunes的使用有个政策，就是一个账户只能给5台电脑授权。

当出现授权数额已满的情况，为了给新的电脑分配授权，可以登录已授权的电脑，取消对该电脑的授权，操作步骤如下：

1 打开iTunes，在菜单栏中依次点击“Store”→“取消对这台电脑的授权”，如图3-48所示。

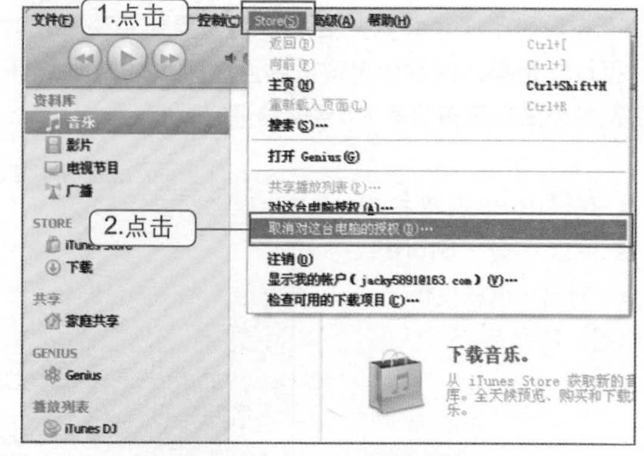

图3-48 “Store”下拉菜单

2 弹出登录框，输入您的账户密码，点击“取消授权”，如图3-49所示。

图3-49 “取消对这台电脑的授权”对话框

3 成功取消授权后，iTunes弹出提示框，点击“确定”即可，如图3-50所示。

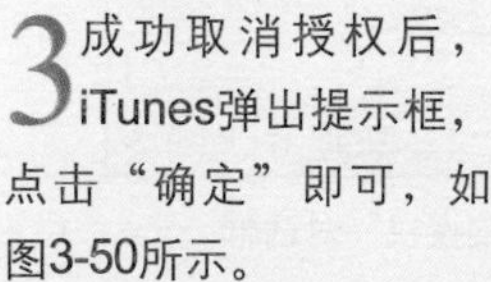

图3-50 “iTunes”对话框

但是如果忘记了在哪几台电脑上进行了授权，该怎么办呢？在此介绍一种方法来取消该账户对所有电脑的授权：打开iTunes，点击“iTunes Store”，点击右上角的“登录”。弹出登录对话框，输入账户密码，登录成功后，右上角显示账户名称，点击其右侧的下拉三角中的“账户”；进入“账户信息”页面，可以看到该账户已经进行了5次授权，点击“全部解除授权”即可。

但该方法仅适用于5次授权全部用完的情况，而且每个账户每年只能使用一次该方法。

3.3.4　利用New iPad获取账户

1 进入“App Store”软件商店，在“精品推荐”页面最下方，点击“登录”按钮，如图3-51所示。

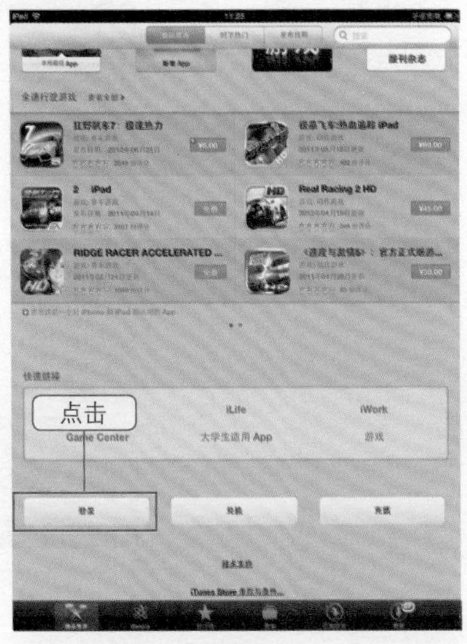

图3-51　“精品推荐”页面

2 在弹出的窗口中选择“创建Apple ID选项”，如图3-52所示。

图3-52　“登录”窗口

3 选择要注册的国家，这里选择“中国”然后点击“下一步”，如图3-53所示。

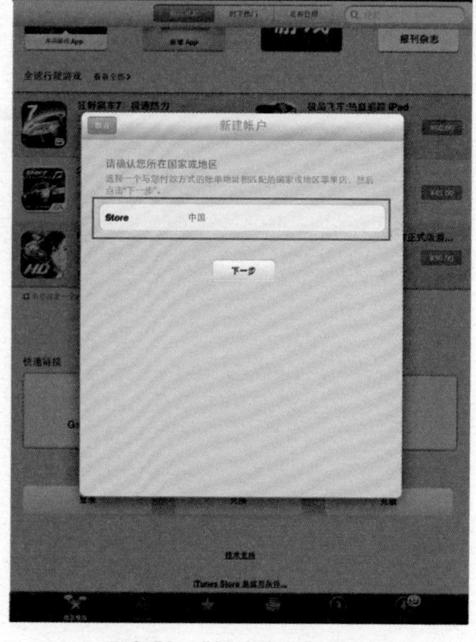

图3-53 “新建账户”窗口

4 进入服务条款页面，在页面的下方点击“同意”按钮，进入下一步，在弹出的确认窗口中点击“同意”按钮，如图3-54所示。

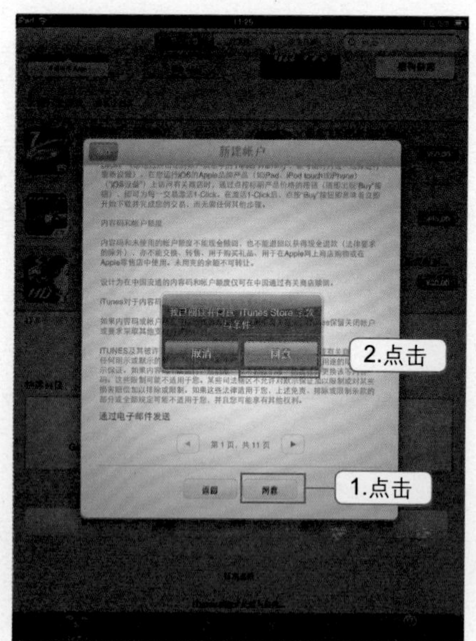

图3-54 “新建账户”窗口

5 进入“新建账户”页面，输入用户信息即可进入下一步，如图3-55所示。

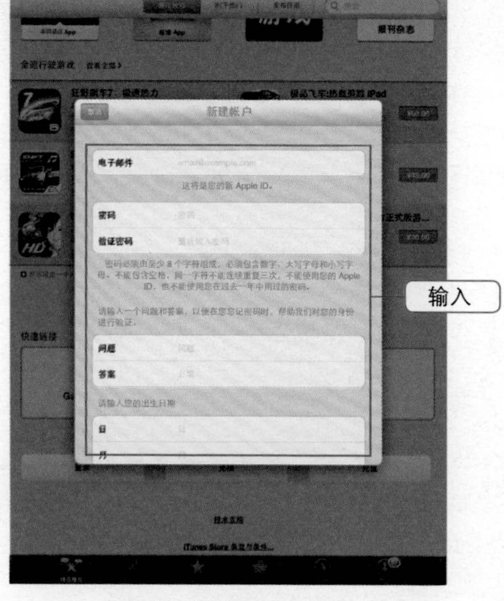

图3-55 “新建账户”窗口

6 注册成功后登录Apple ID，可以看到页面最下方的用户欢迎信息，以及用户的账户管理选项，如图3-56所示。

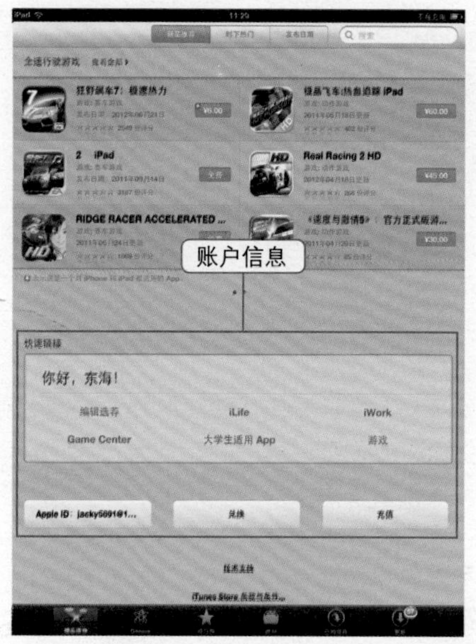

图3-56 “精品推荐”页面

3.4 利用iTunes同步资料

iTunes的一大作用就是将New iPad中的信息同步到电脑中，作为备份及实时更新，通过PC端管理New iPad上的文件。无论是视频、音乐还是图片，在同步之后iTunes都会与New iPad同时拥有这些文件，iTunes会始终与New iPad行动一致。

同步操作的一般步骤如下：

1 将New iPad连接电脑，在电脑端运行iTunes软件，并自动识别New iPad。

2 将需要同步的资料加入资料库。

3 在iTunes中，点击左边界面中的“设备New iPad”，然后根据需要，点击右侧页面的“摘要”、“信息”、“应用程序”、“影片”、“音乐”、“电视节目”、“图书”和“照片”选项，进行相应的设置。

3.4.1 同步信息

1 将New iPad连接电脑后，在iTunes的设备类别中选择New iPad设备，在右侧的页面中点击“信息”标签，进入信息页面，如图3-57所示；

2 同步通讯录，需要先选中“同步通讯录”复选框，并选择同步数据的来源，可以同步所有通讯录或按组别同步，还可以将未分类的联系人添加到统一分组，如图3-58所示；

图3-57 “iTunes”设备界面

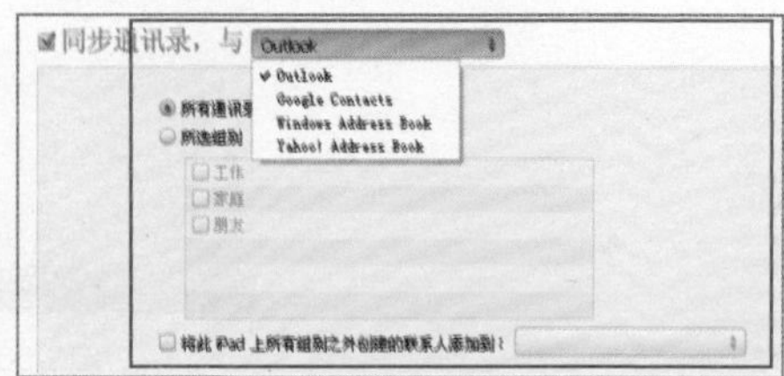

图3-58 “同步通讯录”选项

3 选中“同步日历”并选择同步来源，选择所有日历或单独选取日历进行同步，还可以设定同步时间范围，如图3-59所示。

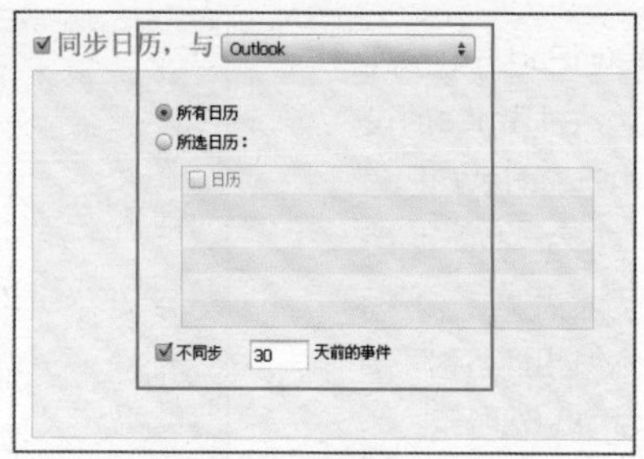

图3-59　“同步日历”窗口

4 选中“同步邮件账户”并选择来源，将账户内的邮件进行同步，而且可以同步邮箱的设置，但是并不同步邮件的密码和资料，如图3-60所示。而在“其他”选项中，还可以同步个人计算机上的书签与备忘录。

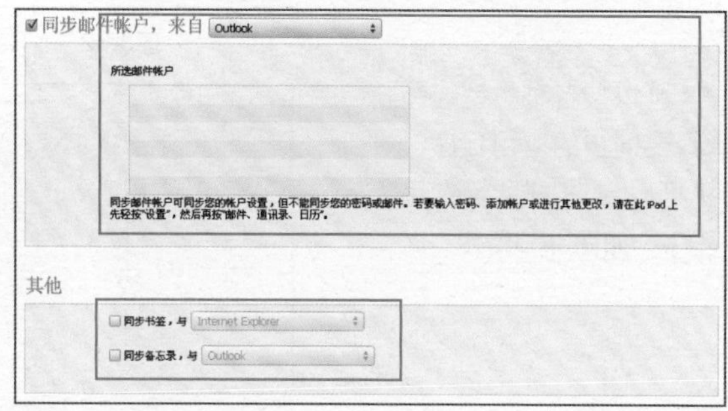

图3-60　“同步邮件账户”与“其他”选项

5 在底部的“高级”选项中，可以设置电脑与New iPad同步，是使用合并方式还是替换方式，如果不进行任何选择，电脑与New iPad之间会以合并的方式进行同步，如图3-61所示。

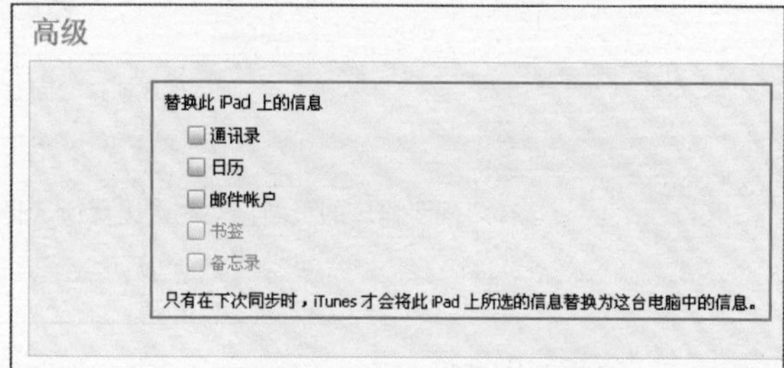

图3-61　“高级”选项

但如果不确定PC或New iPad上的资料哪一个是最新的，则可以选中相应复选框让资料以电脑中的为主。

3.4.2　同步应用程序

从iTunes中下载的应用程序是保存在电脑中的，我们来看看如何将这些程序安装到New iPad中。

1 将New iPad与电脑连接后，在iTunes的设备类别中选择New iPad设备，在右侧的页面中点击“应用程序”标签，进入应用程序同步页面，如图3-62所示。

图3-62 “iTunes”设备界面

2 可以按各种类型选择要同步的应用程序，并可以自动同步新应用程序，如图3-63所示。

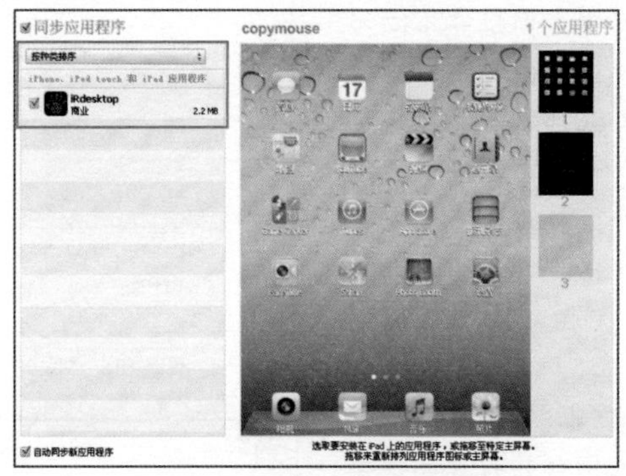

图3-63 “同步应用程序”选项

选择要同步程序的页面，左侧会出现所选择页面的预览。

3 点击“应用”以进行同步，此时，iTunes上方给出同步进度，在此过程中，请不要将New iPad与电脑的连接中断。而在文件共享功能中，可以选择程序的资料文件进行电脑同步，列出的所选择应用的可共享应用列表，如图3-64所示。

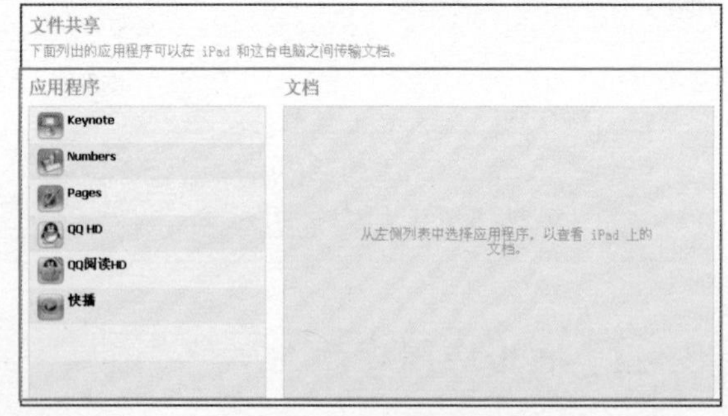

图3-64 “文件共享”选项

4 同步完成后，出现“New iPad同步已完成”的提示，此时可以中断连接，现在打开New iPad，已经可以看到新安装的程序了，如图3-65所示。

图3-65 安装的应用程序

如果取消选中曾经同步过的应用程序，则再次同步之后，New iPad中的该程序将被卸载，如果不想卸载，请保持该程序选中。

3.4.3 同步图书

在电脑上下载了图书，想在New iPad上阅读？下面来看看如何同步图书，以PDF文件为例。首先要将待同步的图书加入iTunes资料库中，然后进行同步。

1 打开iTunes，如果资料库中没有图书，则点击菜单栏上的“编辑”→“偏好设置”，如图3-66所示。

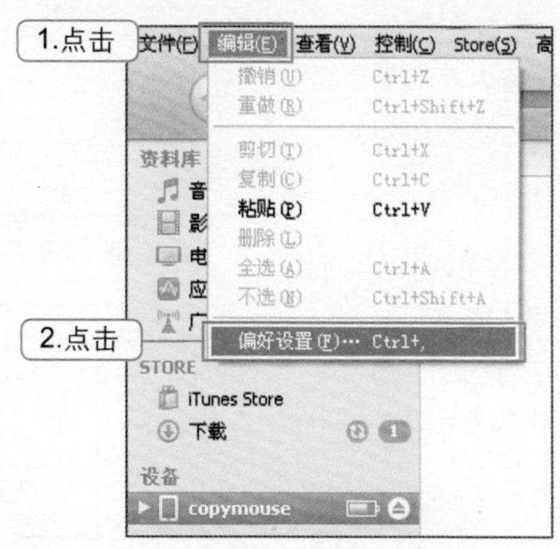

图3-66 “编辑”下拉菜单

2 在弹出的“常规”偏好设置对话框中，选中“图书”，点击“确定”，如图3-67所示。

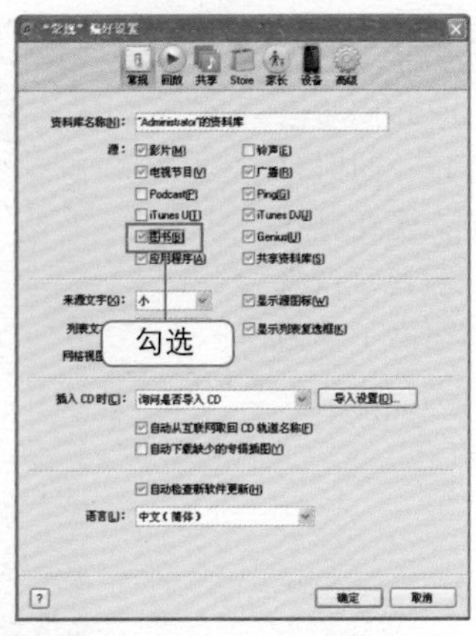

图3-67 “常规”偏好设置对话框

3 将要同步的图书拖动至“图书”栏，如图3-68所示。

图3-68 “图书”资料库

4 将New iPad与电脑连接，点击左侧的New iPad设备，在右侧点击“图书”标签，如图3-69所示。

图3-69 “iTunes”设备界面

5 选中“同步图书”，再选中“选定的图书”，如图3-70所示。

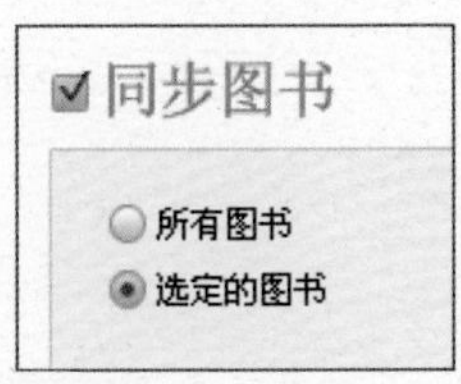

图3-70 “同步图书”选项

6 选择资料库中要同步的图书，点击“应用”，如图3-71所示。

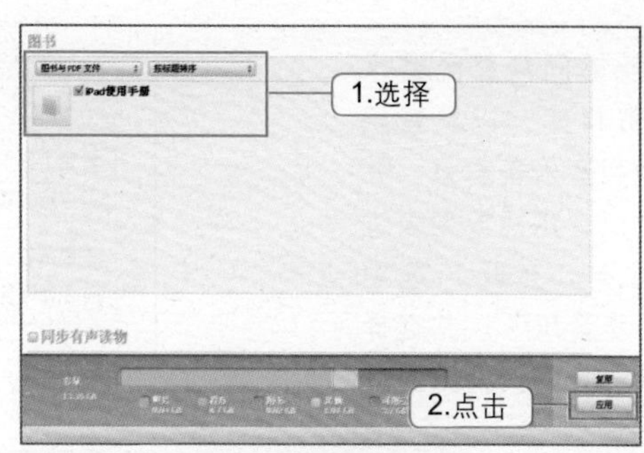

图3-71　“图书”选项

7 同步完成后，在New iPad中点击“iBooks”图标，依次点击“收藏集”→“PDF”，现在可以看到刚才同步的图书了，如图3-72所示。

图3-72　同步的图书

此时，将弹出提示对话框，点击“抹掉并同步”即可开始同步。

3.4.4　同步音乐

每天面对电脑工作的人，都喜欢用音乐来给枯燥的生活增加一点乐趣。下面就来讲解如何将音乐同步到New iPad中。

1 将New iPad连接电脑后，在iTunes的设备类别中选择New iPad设备，在右侧的页面中点击“音乐”标签，进入音乐同步页面，如图3-73所示。

图3-73　“iTunes”设备界面

2 能够同步整个音乐资料库，以及音乐视频和音乐备忘录，并且可以选定播放列表进行同步。在此，选中“同步音乐”，并选择好要同步的资料范围，如图3-74所示。

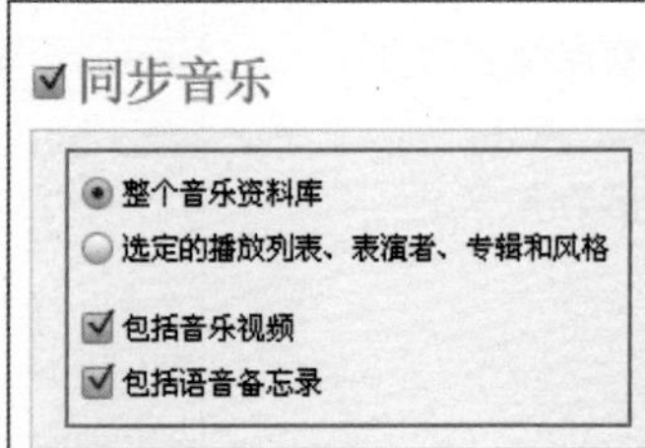

图3-74 “同步音乐”选项

3 点击右下角的“应用”，同步完成后，就可以在New iPad中查看刚刚同步的音乐。打开New iPad，在主界面中点击“音乐”，如图3-75所示。

图3-75 New iPad主界面

4 进入音乐界面，就可以在New iPad中看到同步的歌曲，如图3-76所示。

图3-76 同步后的歌曲

3.4.5 同步照片

对于下载的图片，可以通过以下设置，成为New iPad中主界面的背景。

1 将New iPad连接电脑后，在iTunes的设备类别中选择New iPad设备，在右侧的页面中点击“照片”标签，进入照片同步页面，如图3-77所示。

图3-77 “iTunes”设备界面

2 选中“同步照片”，可以选择同步照片的来源及是否包括来源文件中的视频，如图3-78所示。

图3-78 “同步照片”选项

3 点击“My Pictures”在下拉列表中选择“选取文件夹”，如图3-79所示。

图3-79 “同步照片”选项

4 找到并选择照片所在文件夹，点击“确定”，如图3-80所示。

图3-80 “浏览文件夹”对话框

5 点击“应用”，上方将出现同步提示，如图3-81所示。

图3-81　同步提示信息

6 同步完成后，在New iPad主界面点击“照片”图标，“照片图库”中就是刚刚同步的照片，如图3-82所示。

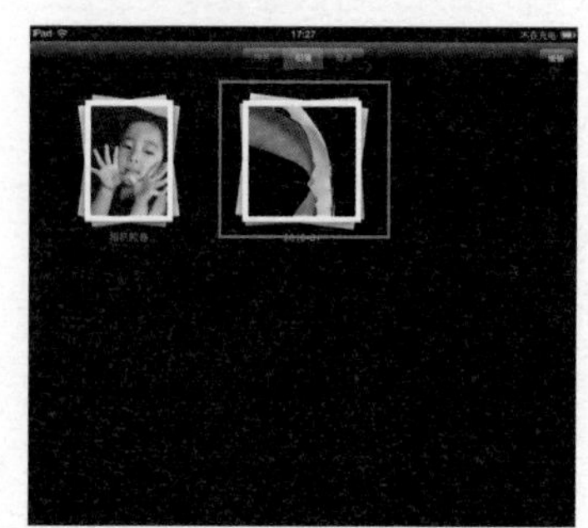

图3-82　同步后的照片

3.4.6　同步电视节目或影片

与上述同步的方法类似，同步电视节目或影片时，在左侧选择New iPad设备后，在右侧分别点击“电视节目”或“影片”标签，在电视节目同步页面中可以选择同步节目的类型来自“所有节目”还是“所选节目”，下方提供了备选节目的列表，如图3-83所示。而在影片同步页面，可以选择要同步的影片，也可以自动获取分类中的影片，如图3-84所示。

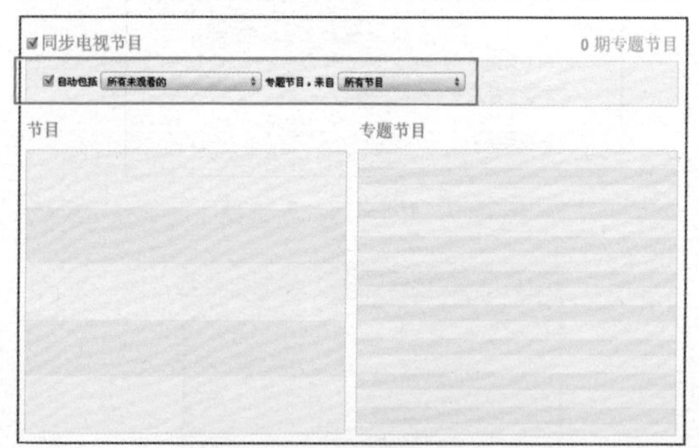

图3-83　“同步电视节目”选项

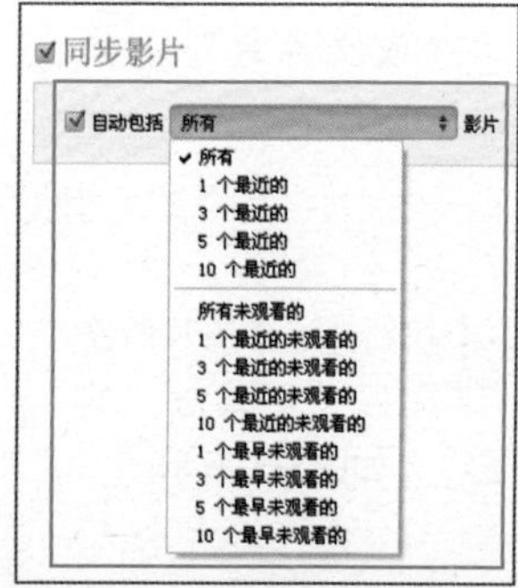

图3-84　“同步影片”选项

同样，在完成上述两项同步后，点击下方的“应用”按钮，将同步New iPad中的相关资料，而当同步完成后，页面上方会显示同步完成信息，同时下方的“复原”和“应用”按钮也会变成“同步”按钮。

3.5 恢复与备份

在New iPad正常运行的时候保持备份是一个不错的习惯，这样做的话即使以后New iPad出现什么非硬件故障时，也可以利用备份进行恢复。

3.5.1 备份我的状态

iTunes对New iPad的备份中包含以下用户信息：

- 通讯录：包括联系人及分组信息。
- 电子邮件：主要是账户配置信息。
- Safari：包括收藏夹及设置。
- 多媒体：包括MP3音乐、MP4视频、M4R铃声、播放列表和安装的应用程序在PC上目录位置信息。
- 照片：拍摄存放在胶卷目录中的照片将完全备份，用户的图库只备份PC上的目录信息。
- 网络配置信息：包括Wi-Fi、蜂窝数据网、VPN和DaiLi服务等。
- 其他配置信息：系统自带的功能的设置信息，如输入法和系统界面语言等设置信息。

需要注意的是，iTunes并不能备份应用程序本身。因此重装New iPad后从备份中恢复，应用程序是不会自动出现的，必须再次同步安装。而且iTunes只能备份通过其本身对New iPad进行的操作，对使用其他途径安装的程序并不进行备份。

备份的具体方法如下：

1 将New iPad与电脑连接，打开iTunes，显示iTunes主界面。右键点击“设备”中的“copymouse”，选择“备份”选项，如图3-85所示。

图3-85 右击设备选项

2 此时，iTunes上方会有“正在备份copymouse”的提示，如图3-86所示。

图3-86 “正在备份”提示信息

3 备份完成后，依次点击iTunes中的“编辑”→“偏好设置”，如图3-87所示。

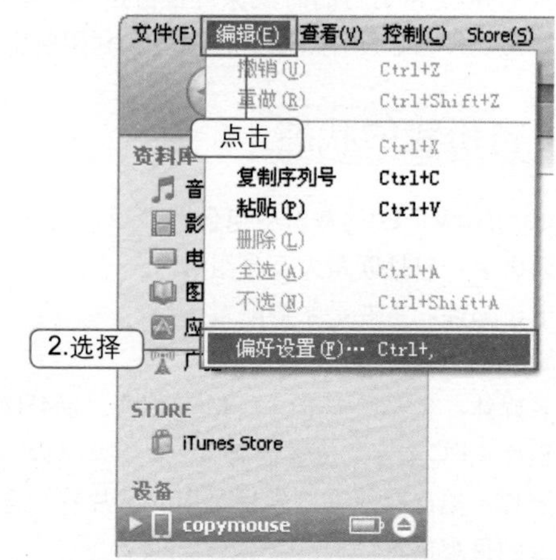

图3-87 “编辑”下拉菜单

4 在出现的属性框中，点击“设备”选项卡，即可查看New iPad的备份信息，如图3-88所示。

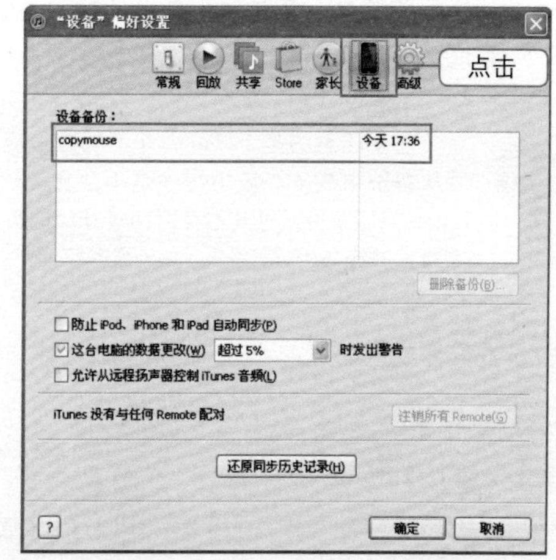

图3-88 “设备”偏好设置对话框

iTunes对New iPad所做的备份存放在（以下简称为备份默认目录）中，其文件夹名称是一串由iTunes随机生成的字母数字串。其内容无法直接查看，必须借助第三方工具。将该文件复制保存在别的磁盘或者其他存储设备中，以便以后恢复New iPad。

3.5.2 恢复我的状态

经过备份之后，即使New iPad或者电脑系统崩溃，也不必担心重要资料丢失。只要将备份文件夹复制到备份默认目录下，即可对New iPad进行恢复。

1 将New iPad与电脑连接，打开iTunes，显示iTunes主界面。右键点击“设备”中的“copymouse”，选择“从备份恢复”选项，如图3-89所示。

2 此时，iTunes会弹出恢复提示，如果有多个备份，请在下拉列表中选择需要恢复的备份，如图3-90所示。

3 点击“恢复”，恢复过程中，iTunes会弹出恢复进度提示框，左下角可以看到剩余恢复时间，如图3-91所示。恢复完成后，New iPad自动重启。

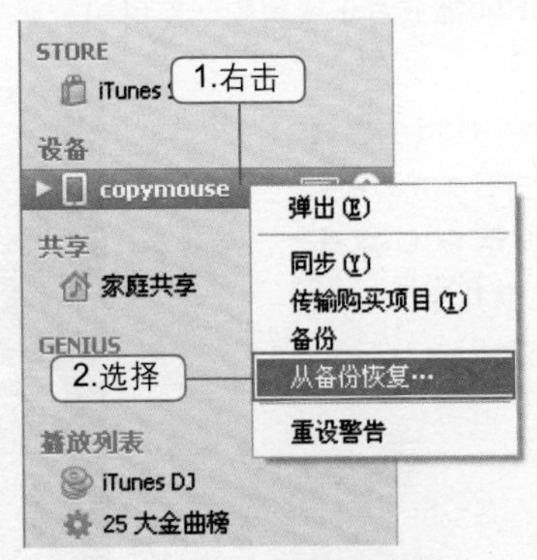

图3-89 右击设备选项

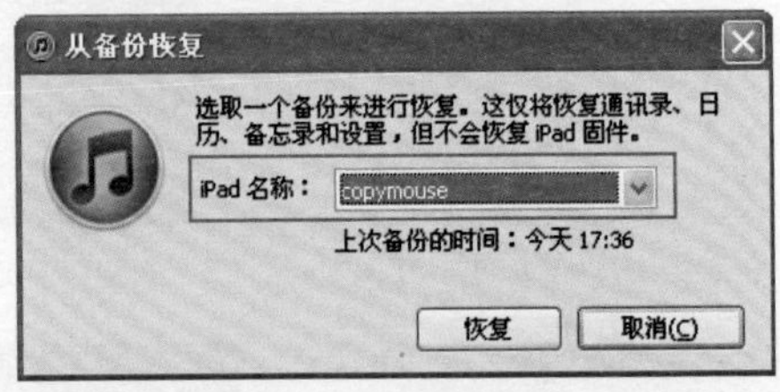

图3-90 “从备份恢复”对话框

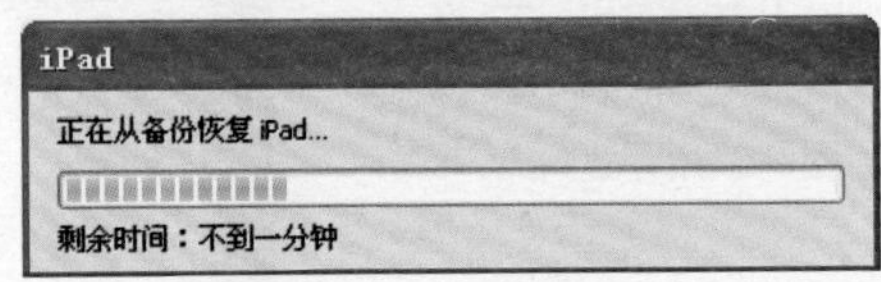

图3-91 “iPad”对话框

3.6 用New iPad控制您的电脑

想听好听的歌曲，却不想离开舒适的座椅？没问题！有了Remote遥控器，无论您在家中的任何位置，都能搜索整个iTunes音乐资料库。不想离开卧室，但还想办公？没问题，RDesktop来帮您！

3.6.1 Remote

Remote遥控器是一款免费、好玩且简便易用的应用程序，可以将New iPad变成专用遥控器。有了Remote遥控器，用户可以轻松控制PC上的iTunes资料库，如同用New iPad播放音乐或视频一样自如。您可以在iTunes Store中找到并安装它。

1 在New iPad主界面上点击Remote图标，在所示窗口点击“打开家庭共享”，如图3-92所示。

图3-92 “Remote”主界面

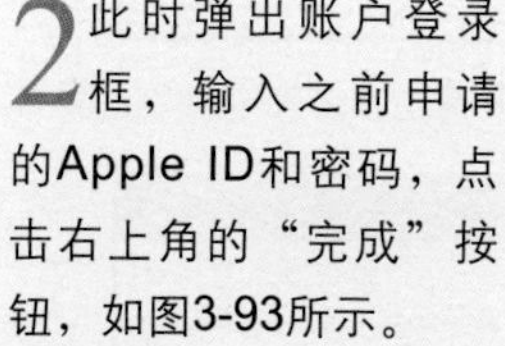

2 此时弹出账户登录框，输入之前申请的Apple ID和密码，点击右上角的“完成”按钮，如图3-93所示。

图3-93 “家庭共享”窗口

3 如果账户密码正确，则弹出一个提示框，提示该账户的“家庭共享”已经打开，点击“完成”，如图3-94所示。

图3-94　“家庭共享”窗口

4 Remote弹出提示，用该账户打开电脑上iTunes中的“家庭共享”，如图3-95所示。

图3-95　提示信息

5 在电脑上打开iTunes，并点击左侧共享选项栏下的“家庭共享”，在右侧页面中输入第3步所填写的Apple ID和密码，如图3-96所示，然后点击“创建家庭共享”。

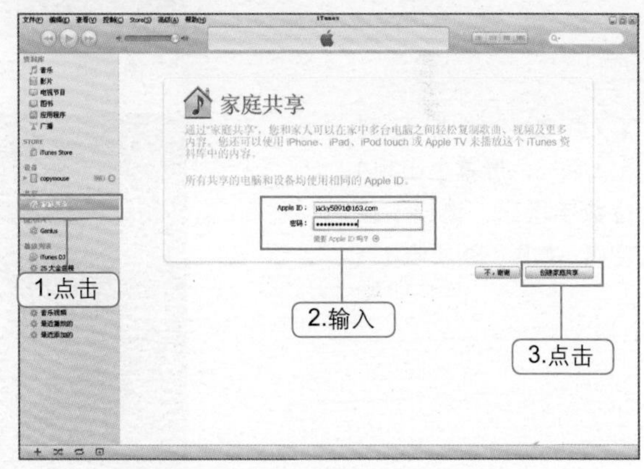

图3-96　“家庭共享”选项页面

注意：如果尚未使用该账户在电脑上对iTunes进行授权，则会弹出个提示框，点击“是”即可。

6 此时“家庭共享”已打开，点击“完成”，如图3-97所示，iTunes自动跳转到音乐菜单下。

图3-97 “家庭共享”提示信息

7 此时，New iPad上显示了电脑上的资料库，在New iPad上点击右上角的设置图标，如图3-98所示。

图3-98 “电脑资料库”页面

8 点击“添加资料库”，屏幕上出现4位数字密码，请记下该密码，如图3-99所示。

图3-99 “添加资料库”窗口

9 在电脑上的iTunes中点击设备列表中的“copymouse”，在右侧页面中输入刚才记下的4位数字，如图3-100所示；输入完成后，页面自动跳转，点击“确定”。

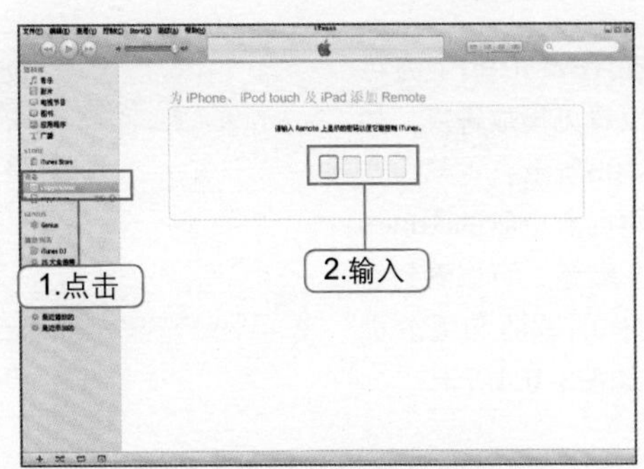

图3-100　“copymouse”设备页面

至此，Remote和iTunes设置完成，下面看看如何使用New iPad来控制iTunes。

1 回到New iPad上，是不是可以看见电脑中资料库中的资料了呢？专辑封面在宽大的New iPad显示屏上令人赏心悦目，如图3-101所示，点击最下方的“歌曲”可以切换显示方式。

图3-101　“专辑”页面

2 点击要播放的歌曲，如“情网”，如图3-102所示。

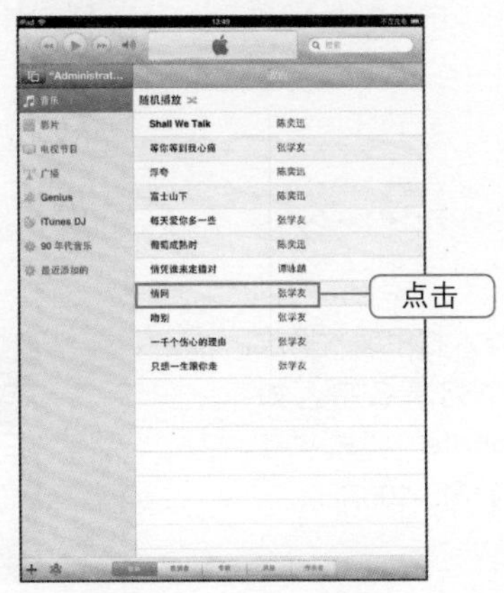

图3-102　“歌曲”页面

2 在New iPad上方可以看见播放进度，如图3-103所示。

图3-103　New iPad播放进度

3 再回到电脑的iTunes上看看，可以看到播放同样的歌曲和播放进度，如图3-104所示。

图3-104　iTunes播放进度

还可以对歌曲进行快进、暂停和回放操作；选择歌曲，随即播放专辑，或跳到下一首歌；甚至还能创建Genius播放列表。

此外，Remote还可以创建播放列表。

1 点击左下角的“+”图标，如图3-105所示。

图3-105　“歌曲”页面

2 在输入框中输入播放那个列表名字，如“Favourite”点击“存储”，如图3-106所示。

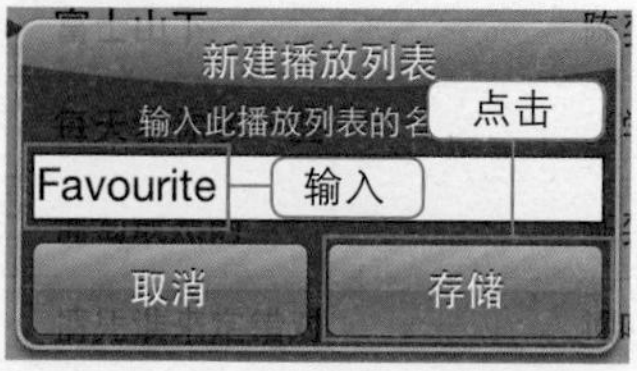

图3-106　“新建播放列表”窗口

3 点击要选择的歌曲，已选择的歌曲会变成灰色，如图3-107所示，选择完成后，点击“完成”。

图3-107　“添加所有歌曲”页面

4 点击“Favourite”查看播放列表，如图3-108所示。

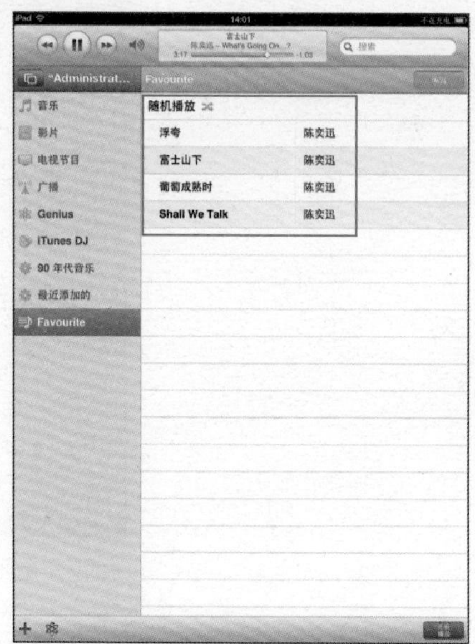

图3-108　“Favourite”播放列表

如果想删除播放列表，怎么办？

1 点击右上角的“编辑”，然后点击左侧的图标，如图3-109所示。

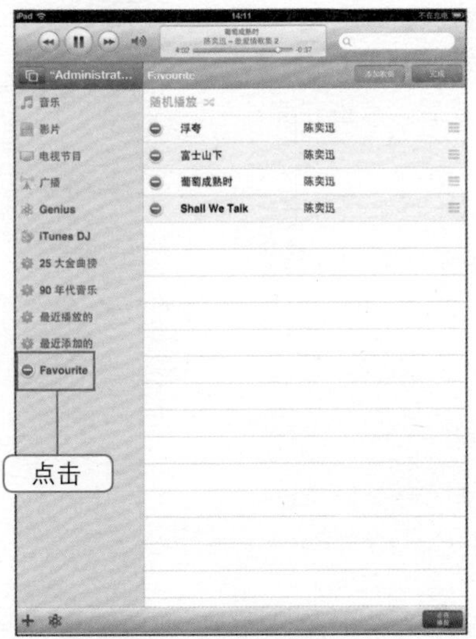

图3-109 “编辑播放列表”页面

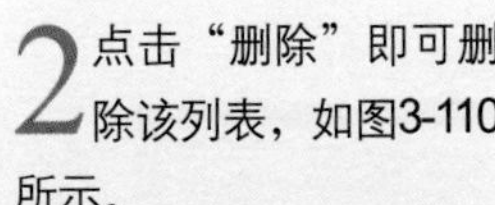

2 点击“删除”即可删除该列表，如图3-110所示。

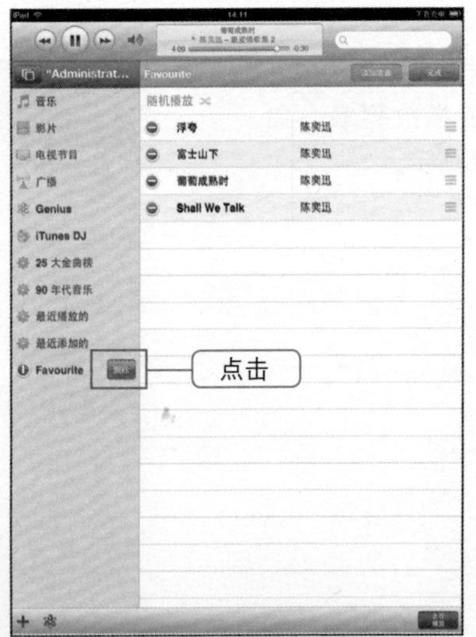

图3-110 删除播放列表

当然，也可以从右侧单独删除某些歌曲，操作方法相同，不再叙述。

即使您使用多个装置来控制音乐，Remote也能从容应对。它可以让iPhone、iPad和iPod Touch在音乐播放过程中始终保持同步。这样，您可以在起居室用New iPad开启派对音乐，然后到卧室拿起iPhone，看看现在播放的是什么曲目，调高音量，甚至还能切换扬声器。全新的Remote，让您的New iPad接管遥控大权，还等什么呢？赶快体验一下吧！

3.6.2 RDesktop

RDesktop是一款可以远程控制同一局域网内电脑的软件。即使身在卧室也可以控制电脑，进行办公或娱乐。同样可以在iTunes Store中找到并安装它。首先，要设置电脑允许远程访问，以Windows XP操作系统为例。

1 右键单击“我的电脑”，在弹出的快捷菜单中选择“属性”选项，如图3-111所示。

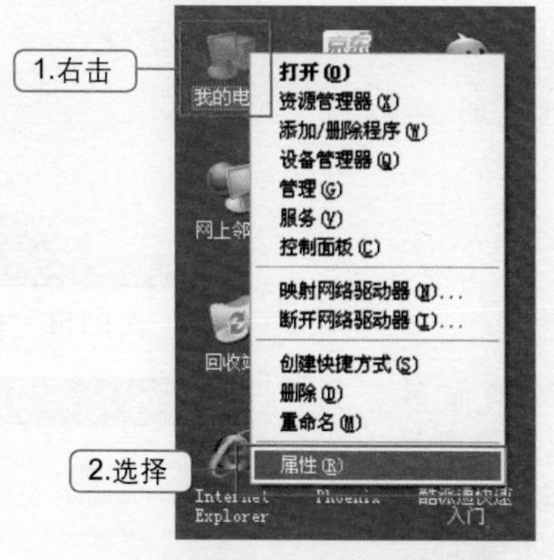

图3-111　右击“我的电脑”

2 在弹出的“系统属性”对话框中，点击左侧的“远程”选项卡，选中“允许用户远程连接到此计算机”复选框，如图3-112所示，然后点击“确定”按钮。

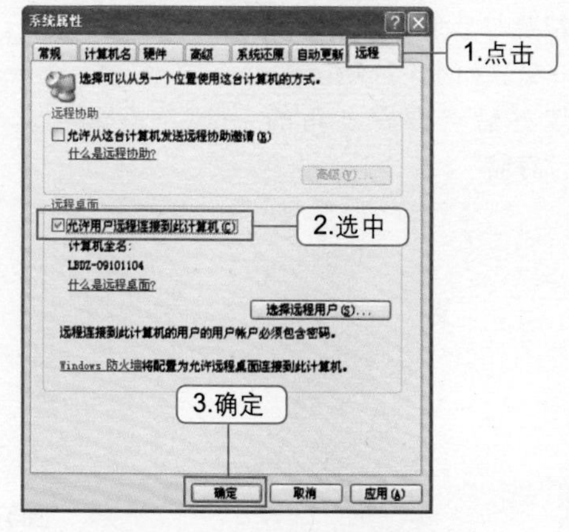

图3-112　“系统属性”对话框

下面介绍如何设置RDesktop：

1 在New iPad的主界面点击RDesktop图标，进入RDesktop主页面，点击“新建”按钮，如图3-113所示。

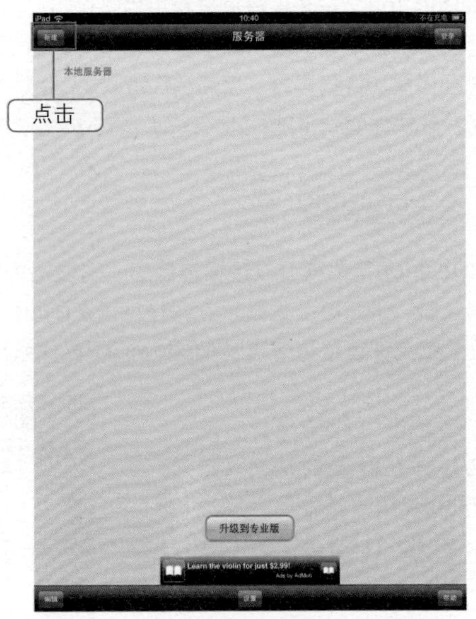

图3-113 “RDesktop”页面

2 进入“新的服务器”页面，编辑服务器内容，其中“主机名”填写本机IP地址、用户名、密码以及端口都要与登录的电脑保持一致，如图3-114所示，填好后点击右上角的“存储”。

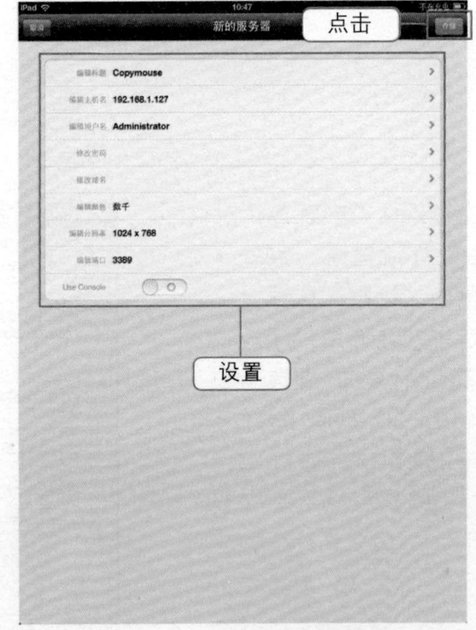

图3-114 “新的服务器”页面

3 点击刚刚创建条目进行远程连接，如图3-115所示。

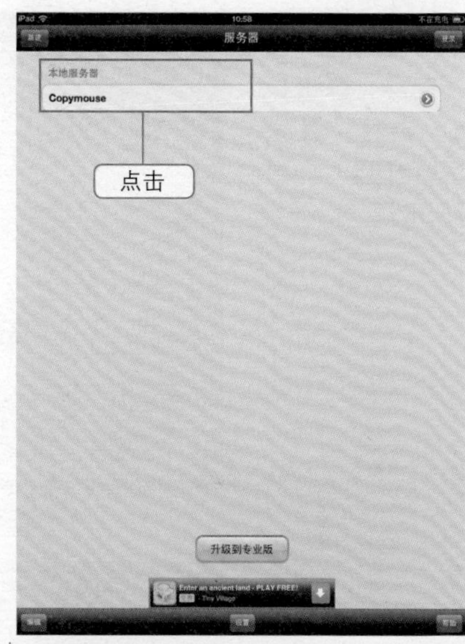

图3-115　“服务器”页面

4 成功连接，此时可以看到电脑的桌面，横向旋转查看更为方便，如图3-116所示，现在就可以在New iPad上像操作PC一样控制所连接的电脑了。

图3-116　电脑桌面显示

注意：如果此时从电脑上登录，New iPad会断开连接；如果连接失败，请关闭防火墙重试。另外，如果是多台电脑通过路由器上网，还需设置电脑和路由器的端口号。

5 点击右上角的“设置”图标，弹出操作列表，选择“发送CTRL+ALT+DEL”，如图3-117所示。

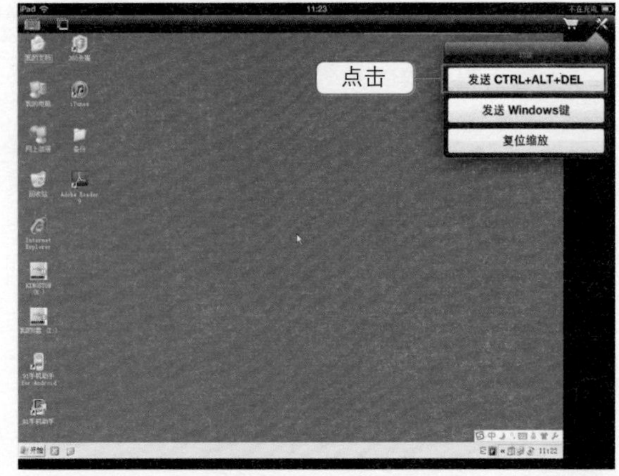

图3-117 “功能”窗口

6 点击“关机”选项卡即可选择“重新启动”、“睡眠”、“休眠”或者“关机”等操作，如图3-118所示。

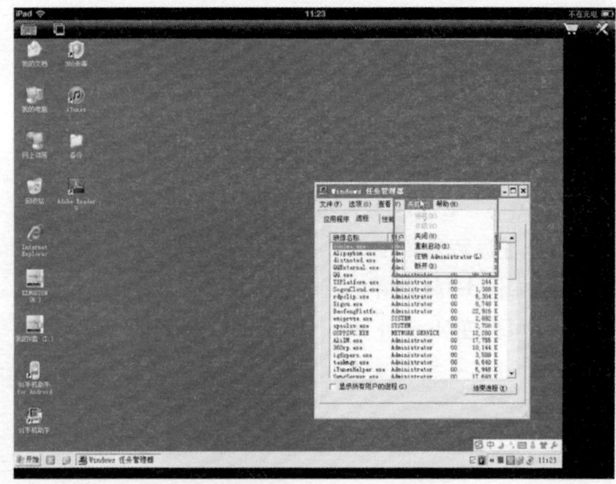

图3-118 Windows任务管理器

注意

此外，New iPad还可以控制局域网内的多台电脑。返回服务器列表，点击要添加的主机条目进行连接，即可同时控制多台电脑，想用哪个就点选哪个。

 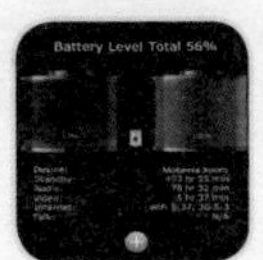 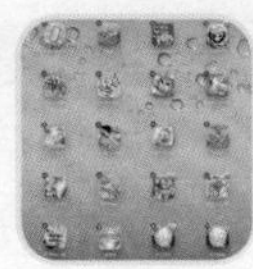 

第4章

个性化我的New iPad

经过前面的介绍，相信读者已经可以畅通无阻地使用New iPad了。那么想让其完全成为属于自己的私有物品，从桌面风格到内部内容，再到访问权限，都尽在掌握吗？没问题，本章就介绍一些用户自定义功能，让您的New iPad显得个性十足！

4.1 如何为New iPad加密

由于New iPad可以整合几乎所有的个人信息，所以New iPad中的秘密一旦泄露，后果将不堪设想。那么怎么才能让这个“朋友”守口如瓶呢？这就需要来给New iPad进行加密操作。

4.1.1 设置自动锁定

New iPad默认开启自动锁功能，当用户在设定的时间内没有进行操作时，自动锁定触摸屏，防止意外开启程序，节约电量。

1 点击主界面上的“设置”图标进入设置页面，在左侧选择“通用”，在右侧的页面中点击“自动锁定”选项，如图4-1所示。

图4-1 通用选项界面

2 进入“自动锁定”面板，在此可以根据自己的需要设置自动锁定的时间，例如，选择“5分钟”，如图4-2所示。

图4-2 “自动锁定”设置选项

3 点击左上角的“通用”回到“通用”面板，发现自动锁定的时间已经变成了“5分钟”，这意味着如果用户在5分钟之内如果没有任何操作，New iPad将会自动锁定触摸屏，防止意外开启程序，如图4-3所示。

图4-3　通用选项界面

4.1.2　如何开启密码

虽然自动锁定功能可以防止意外开启程序，然而这并算不上真正的安全防护，要确保其他人不能访问New iPad，就需要密码保护功能了。

1 点击桌面的“设置”图标进入设置页面，点击“通用”选项，在右侧选择“密码锁定”选项，如图4-4所示。

图4-4　通用选项界面

2 点击“打开密码”选项，会弹出“设置密码”窗口。“设置密码”窗口中可以设置4位密码，需要进行两遍输入，如图4-5所示。

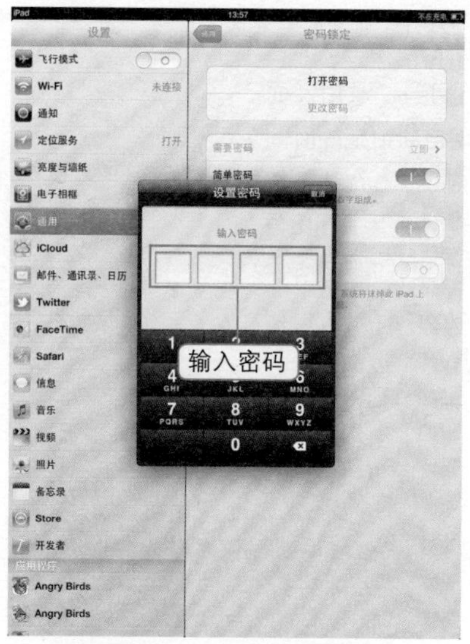

图4-5 “设置密码”窗口

一个较好的密码是不能代表任何意义的，更不能选择基于生日和电话号码等数字，而应该是随机抽选的，这样做，有利于防止黑客根据你的个人信息猜测出解锁密码。

3 点击“更改密码”选项，会要求输入旧密码，然后设定新密码，如图4-6所示。

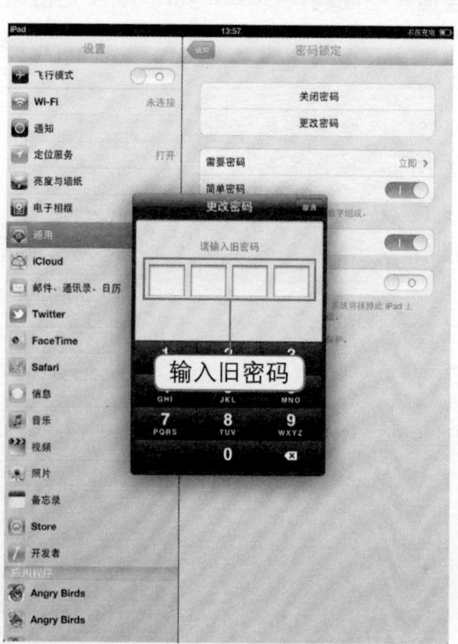

图4-6 “更改密码”窗口

4 点击“需要密码”选项，选择待机多久后需要输入密码，如图4-7所示。

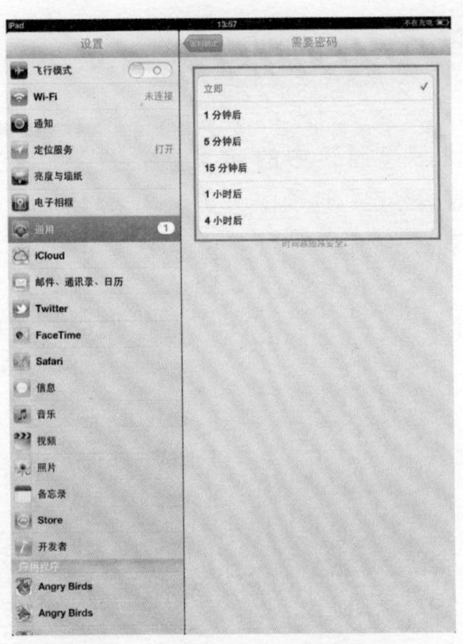

图4-7　“需要密码”设置选项

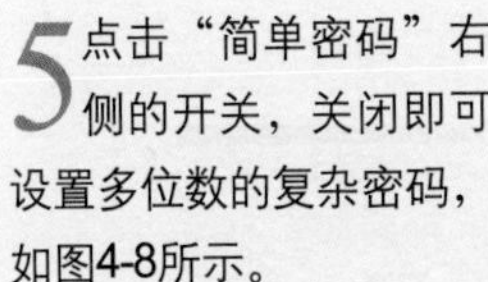

5 点击“简单密码”右侧的开关，关闭即可设置多位数的复杂密码，如图4-8所示。

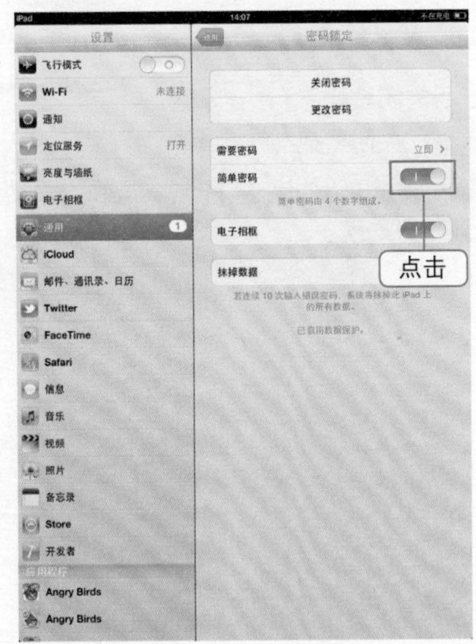

图4-8　通用选项界面

点击“电子相框”选项，当处在开启状态时，可以让New iPad在锁定屏幕时显示照片；点击“抹掉数据”，在开启状态下若输入10次错误密码，系统将删除New iPad上的所有数据。

4.1.3 怎样取消密码

1 点击“通用”中的“密码锁定”选项，输入之前设置的密码才可进入，进入密码锁定页面，如图4-9所示。

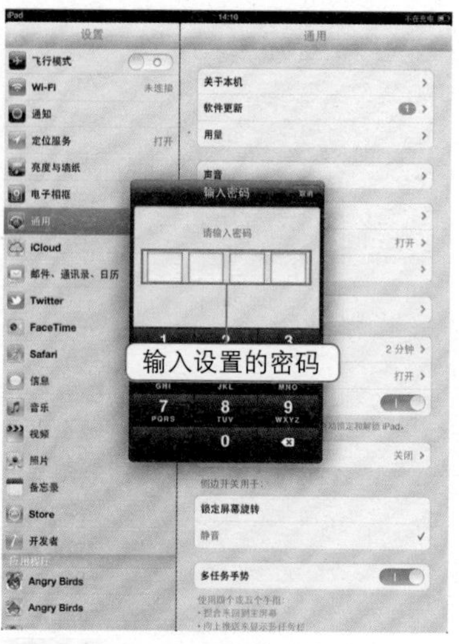

图4-9 “输入密码”窗口

2 点击“关闭密码”，会弹出“关闭密码”窗口，输入后即可关闭密码，如图4-10所示。

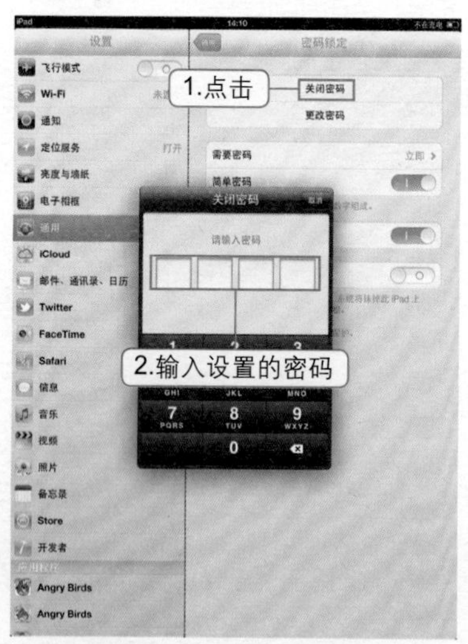

图4-10 “关闭密码”窗口

而如果运气不好忘记密码，就只能将New iPad与Mac或者PC机相连，使用iTunes加以恢复了。

4.2　让New iPad拥有双倍电力

大屏幕广泛应用于电子设备的同时也带来了新的问题，那就是电量。一直以来“多久充一次电”成了人们购买电子设备时首要注重的问题之一，可见电池续航力是非常重要的。

4.2.1　在New iPad内部设置节电

其实节电设置很简单，只需要关闭日常不用的功能、降低屏幕的亮度及缩短锁定时间等设定，就可以明显地提高iPad的使用时间。

1 点击设置中的“通用”选项，可以看到右侧的“蓝牙”选项，如图4-11所示，如果不需要蓝牙服务可以选择关闭。

图4-11　通用选项界面

2 上面介绍过的“自动锁定”功能，可以控制屏幕的待机时间，缩短自动锁定时间也可以降低耗电量，如图4-12所示。

图4-12　“自动锁定”设置选项

3 在设置中选择“亮度与墙纸”选项，在右侧的“亮度和墙纸”页面中可以设置屏幕的亮度，越靠近左侧越暗，越靠近右侧越亮，同时也影响电力的使用时间，如图4-13所示。

图4-13 “亮度与壁纸”设置选项

4 点击设置中的“定位服务”选项，右侧的“定位服务”开关可以根据个人使用需求关闭，应用在使用到定位服务时会弹出提示开启窗口进行询问，如图4-14所示。

图4-14 “定位服务”设置选项

4.2.2 用双倍电力显示管理New iPad

Battery Double是一款可以将New iPad电池一分为二的管理软件，其两份电池的显示模式让用户能够更好地管理电源。

左侧使用完的电池，占总电池的50%；右侧为正在使用的总电量的50%，但由于独立显示所以标注为100%；下方则显示了各种应用可使用的时间，如图4-15所示。

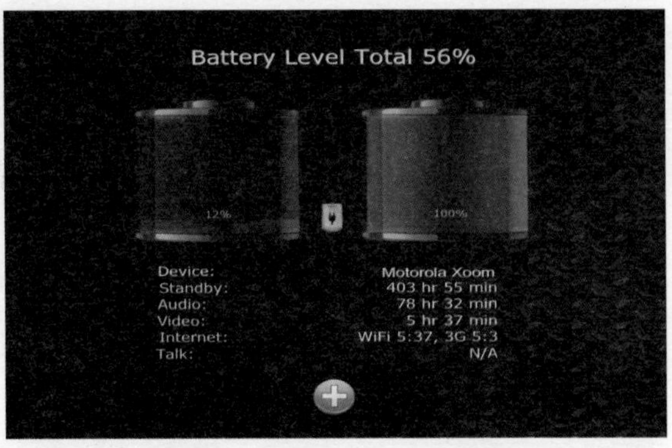

图4-15 “Battery Double”界面

4.3 如何启用家长限制功能

在家庭中使用New iPad时，为了避免孩子沉迷于游戏，或者一些限制级的信息被儿童看到，需要对New iPad进行家长限制的设置，给孩子更绿色健康的娱乐环境。

4.3.1 启用限制的方法

1 进入设置页面，选择“通用”选项，点击右侧“通用”页面中的“访问限制”选项，如图4-16所示。

图4-16 通用选项界面

2 进入“访问限制”页面，点击上方的“启动访问限制”选项，打开限制开关，如图4-17所示。

图4-17 “访问限制”设置选项

3 需要设置密码才可以开启，弹出“设置密码”窗口，输入访问限制的密码，如图4-18所示。同样注意密码的选取，以此防止他人根据用户个人信息猜测出解锁密码。

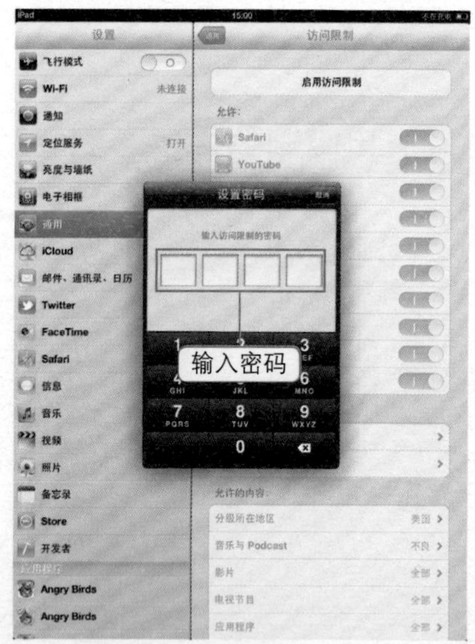

图4-18 “设置密码”窗口

同样需要再次输入密码，验证两次密码输入是否相同。用户需要记住设置的密码，否则将无法关闭限制功能。

4.3.2　选择限制的功能

1 启动“访问限制”功能后，在“访问限制”页面中可以看到允许访问页面已经亮起，后方的开关也可以进行选择，如图4-19所示。

图4-19　“访问限制”设置选项

2 如果要从主界面删除Safasi、Youtube和iTunes等应用程序，则点击关闭允许应用右侧的开关，关闭允许访问。例如，滑动滑块关闭“Safasi”按钮，则以后不能使用此浏览器上网，如图4-20所示。

图4-20　限制“Safasi”功能

3 将应用关闭后，在左侧的设置列表中可以看到原有的应用设置选项也随之隐藏，如图4-21所示。

图4-21　功能设置被隐藏

4 点击“允许更改”项目中的“位置”选项，进入位置页面，如图4-22所示。

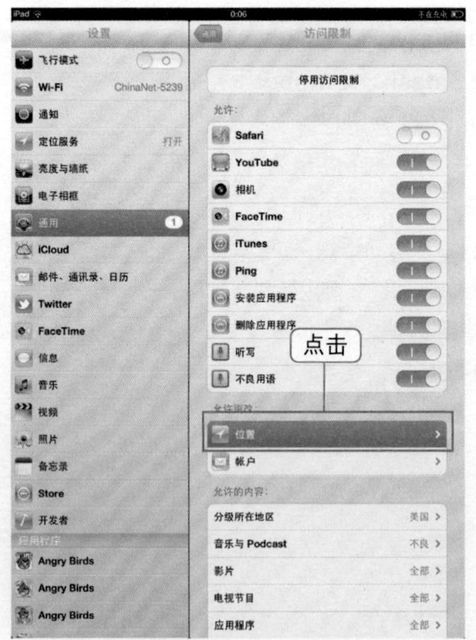

图4-22　“访问限制”设置选项

5 点击“不允许更改”选项，下方所有选项变为灰色不可选择状态，同时限制位置服务不能更改，如图4-23所示。

图4-23 “位置”设置选项

6 选择“允许更改”选项后，可以单独设置下方的应用，是否限制位置服务的变更，如图4-24所示。

图4-24 “设置密码”窗口

7 在“访问限制”页面中选择“账户”选项，进入账户限制页面，如图4-25所示。

图4-25 “访问限制”设置选项

8 进入“账户”页面，可以设定“允许更改”或“不允许更改”，如图4-26所示。

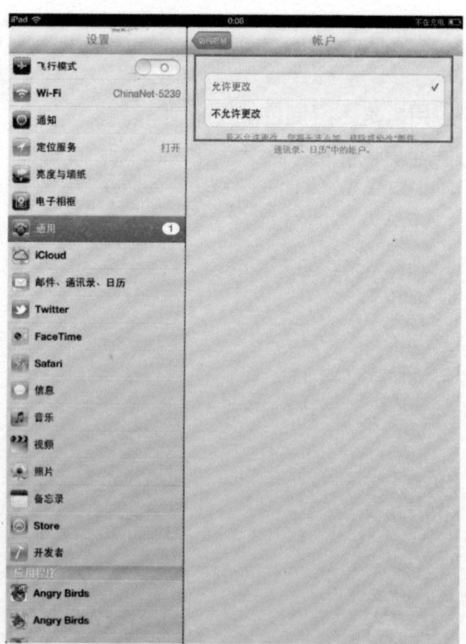

图4-26 “账户”设置选项

4.3.3　按照限制分级

1 在“访问限制”页面下方的“允许的内容”中，可以分级别设置浏览内容的限制，如图4-27所示。

图4-27　“允许的内容”选项

2 选择“分级所在地区”选项，进入该选项页面，可以选择不同的国家，按国家规定进行限制，如图4-28所示；

图4-28　“分级所在地区”设置选项

3 选择“音乐与Podcast”选项，进入该功能页面，开关选项控制该级别音乐、音乐视频及Podcast是否可以播放，如图4-29所示。

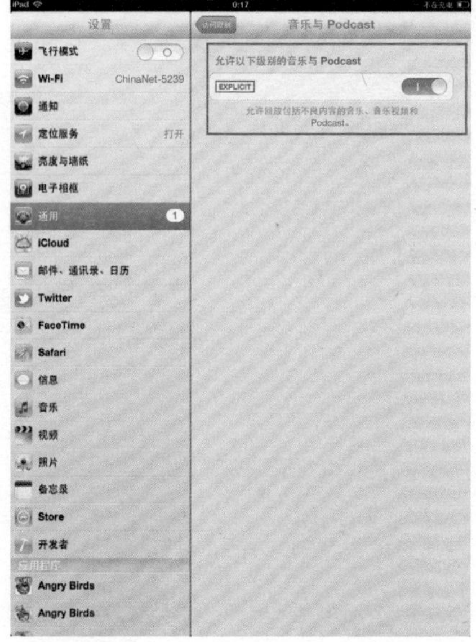

图4-29 “音乐与Podcast”设置选项

4 进入“影片”访问限制页面，可以按照影片的级别设定是否允许观看，如图4-30所示。

图4-30 “影片”设置选项

5 选择"电视节目"选项，进入电视节目页面，在该页面中可以按照级别设定限制，如图4-31所示。

图4-31　"电视节目"设置选项

6 选择"应用程序"选项，进入"应用程序"页面，在该页面中可以按照年龄分级设置需要限制的级别，如图4-32所示。

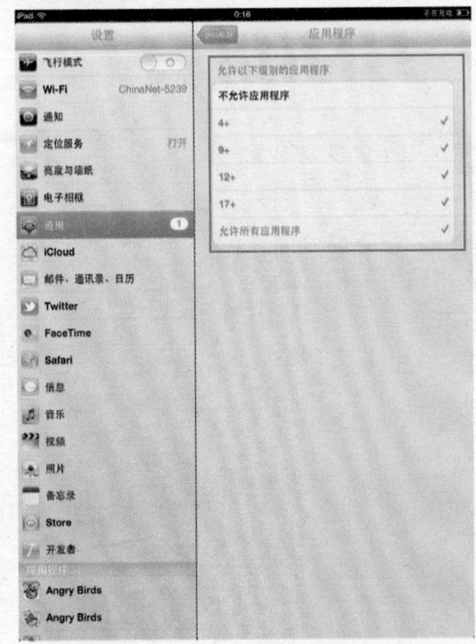

图4-32　"应用程序"设置选项

用"应用程序内购买"限制可以决定是否购买Apple公司的付费应用程序内容，比如游戏级别和杂志等，还可以禁止玩多人游戏、添加朋友。

4.3.4 解除访问限制

1 想要解除访问限制，需要进入“通用”页面，点击“访问限制”选项并输入密码，如图4-33所示。

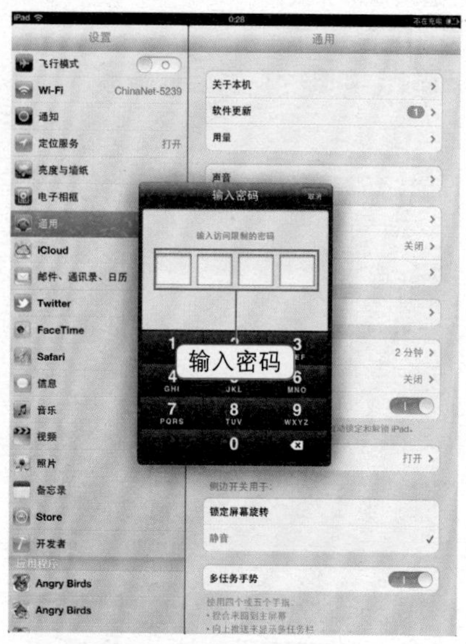

图4-33 “输入密码”窗口

2 进入“访问限制”页面，选择“停用访问限制”，会弹出关闭密码，输入密码可关闭，如图4-34所示。

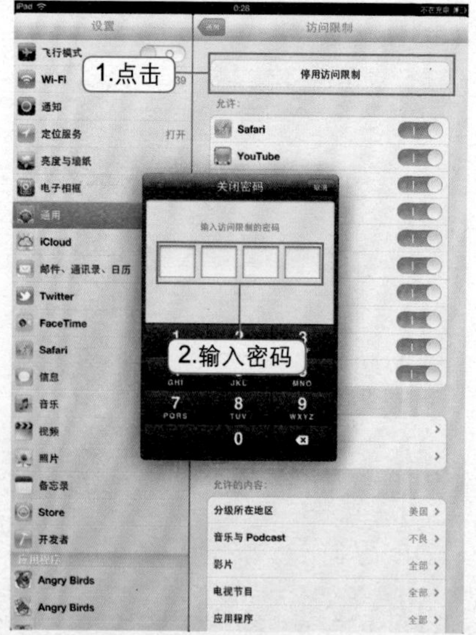

图4-34 “关闭密码”窗口

4.4　自定义你的New iPad

New iPad并非千篇一律的电子产品，内置了多种可供用户自定义设置的功能，如设置桌面、调整桌面图标、设置铃声等。本节推荐一些用户自定义功能，让手中的New iPad显得个性十足。

4.4.1　如何移动桌面图标

和电脑桌面一样，New iPad桌面上放满了各种各样的应用后会显得很乱，整理一下我们的桌面，让它看起来更简洁吧！

1 要移动桌面图标，首先需要按住任意图标，等待图标进入激活状态，第三方应用左上角出现删除标志时即可管理桌面应用图标，如图4-35所示。

图4-35　图标进入激活状态

2 按住要移动的图标，将图标移动到桌面任意位置，其他图标会自动进行位置调整，如图4-36所示。

图4-36　移动程序图标

3 将两个图标整合到一个文件夹中，并可以为文件夹命名，以便更好地整合桌面图标。例如，以“视频”和“通讯录”两个应用为例，将“视频”图标拖动到“通讯录”图标所在的位置上停留1s（秒），使其重合，如图4-37所示。

图4-37　重合图标

4 放开“视频”图标，这时可以发现原本的“通讯录”图标变成了一个文件夹，里面包含了“视频”和“通讯录”两个应用，并且生成文件夹的同时为文件夹生成了一个匹配的名称，可以使用小键盘修改该名称，如图4-38所示。

图4-38　生成文件夹

5 将图标拖动到下方的Dock中，可以调整图标的排列顺序，如图4-39所示。

图4-39　移动图标到Dock中

6 将图标移动到屏幕左边或右边，可以将图标移动到相邻的屏幕中，如图4-40所示。

图4-40 移动到相邻屏幕

4.4.2 怎样将图标删除

在New iPad中删除桌面图标就等于将该应用程序删除，所以部分系统内置的应用图标左上角没有删除标志，也就意味着不可删除。

1 按住任意图标，使桌面图标进入激活状态，如图4-41所示。

图4-41 图标进入激活状态

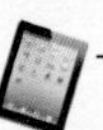

2 点击要删除图标左上角的删除按钮，会出现确认删除的提示，点击“删除”按钮即可删除图标及应用程序，如图4-42所示。

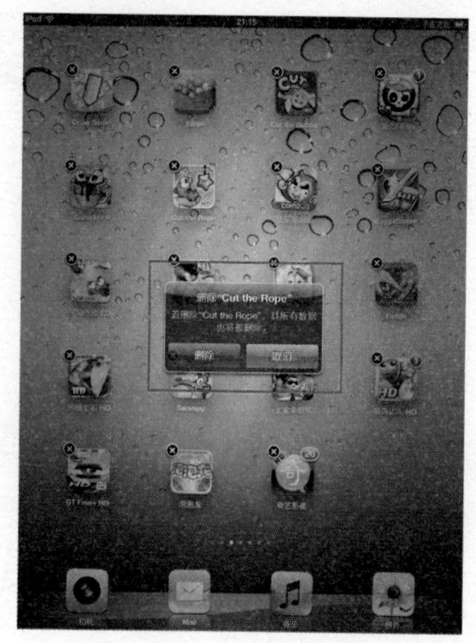

图4-42　删除图标提示

4.4.3　如何设置墙纸

想拥有一张风格靓丽的桌面壁纸？简单设置可轻松得到。New iPad的壁纸设定分为两部分：一部分是锁定屏幕的墙纸；另一部分是主屏幕的墙纸。

1 进入“设置”页面，选择“亮度与墙纸”选项，左侧为锁定屏幕的墙纸设置，右侧为主屏幕的墙纸设置，如图4-43所示。

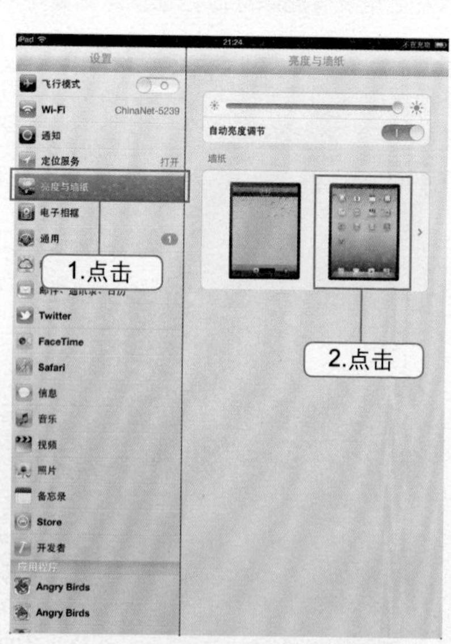

图4-43　“亮度与壁纸”设置选项

2 以系统壁纸为例，进入选择壁纸源，可以选择系统内置的“墙纸”，或者选择拍照的“相机胶卷”选项，如图4-44所示。

图4-44 “壁纸”设置选项

3 点击“墙纸”选项，在“墙纸”页面中选择适合的壁纸，进入壁纸设定页面，如图4-45所示。

图4-45 “墙纸”界面

4 在壁纸设定页面中，右上角有“设定锁定屏幕”、“设定主屏幕”和“同时设定”三种设定模式可供选择，点击“设定主屏幕”，如图4-46所示。

5 点击“HOME键”回到主界面，便可看到壁纸被更换为选择的壁纸了，如图4-47所示。

图4-46　壁纸设定页面

图4-47　设定后的壁纸效果

4.4.4　如何设定铃声

1 点击“设置”图标进入设置页面，点击“通用”中的“声音”选项，如图4-48所示。

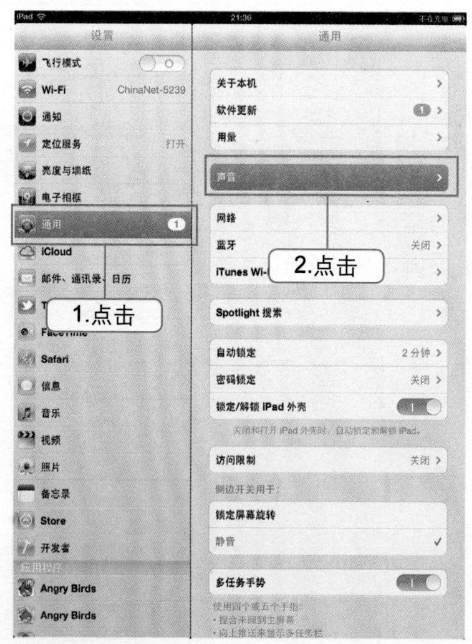

图4-48　通用设置界面

2 在“声音”页面中的“铃声和提醒”位置，可以设定声音的大小及是否用按钮调整声音大小，如图4-49所示。

图4-49　“声音”设置选项

3 点击“电话铃声”选项，进入“电话铃声”选择页面，其中可以选择New iPad内置的铃声，如图4-50所示。

图4-50　选择内置铃声

不过New iPad在发布后仍然只有少量的默认铃声，用户需要花1美元来购买一首歌并再花1美元将它制成40秒的铃声，显然很不划算。本节将介绍自定义铃声的制作。

在制作前，用户需要安装上一章节中介绍的iTunes软件。

1 打开电脑上的iTunes，点击工具栏上的“编辑”，在弹出的下拉列表中选择“偏好设置”，如图4-51所示。

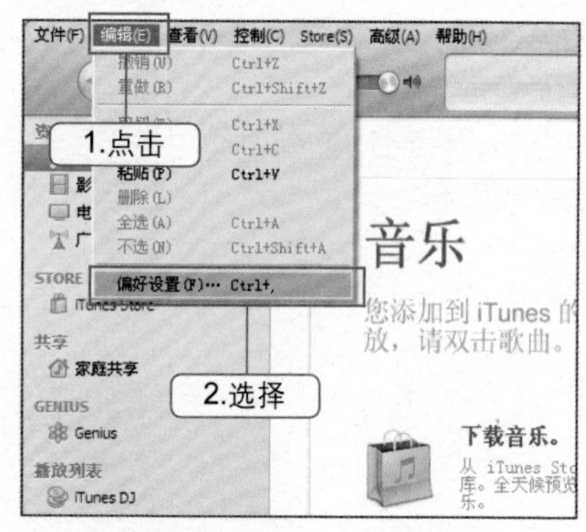

图4-51 “编辑”下拉菜单

2 进入iTunes“偏好设置”界面，将“铃声”选项选中，然后点击“导入设置”，如图4-52所示。

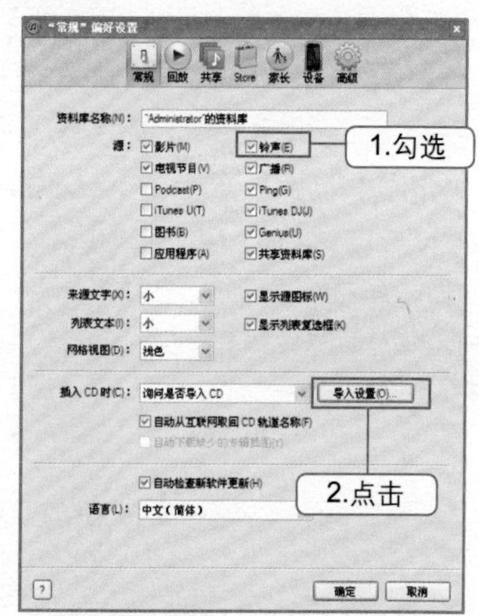

图4-52 “偏好设置”对话框

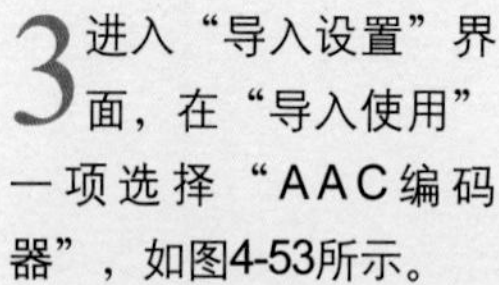

3 进入“导入设置”界面，在“导入使用”一项选择“AAC编码器”，如图4-53所示。

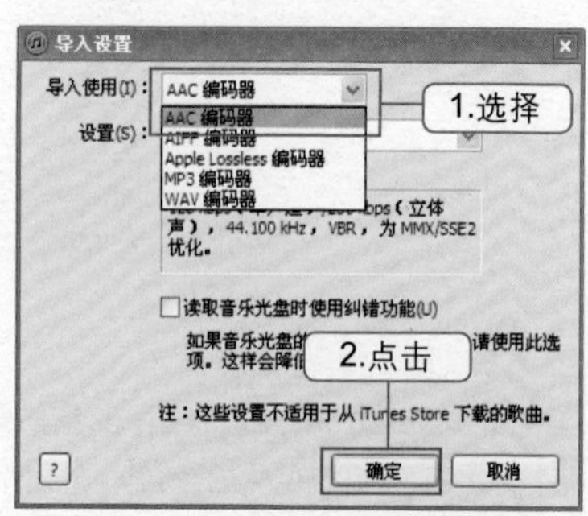

图4-53 “导入设置”对话框

4点击“确定”回到“偏好设置”界面后再点击“确定”，如图4-54所示。

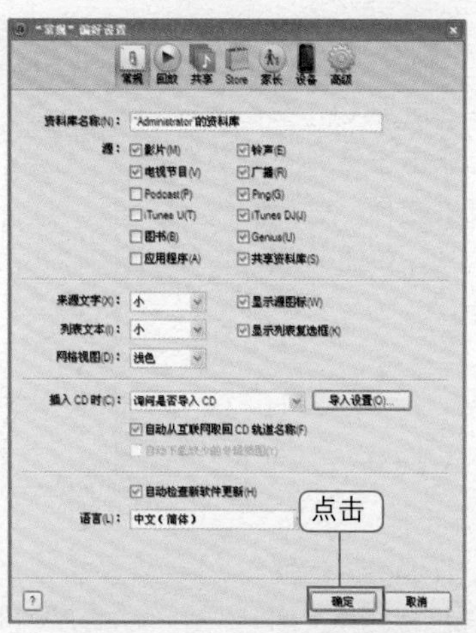

图4-54 “偏好设置”对话框

5回到主面板，在要制作成铃声的歌曲上单击右键，在弹出的列表中选择“显示简介”选项，如图4-55所示。

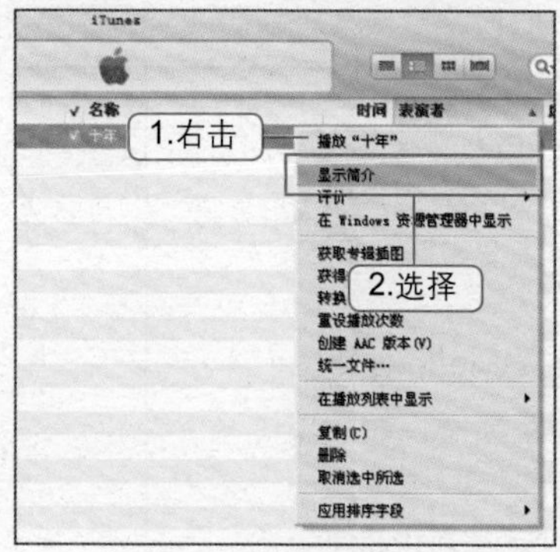

图4-55 歌曲快捷菜单

6在弹出的“iTunes”对话框中，点击“选项”选项卡，选中“起始时间”和“停止时间”选项，并设置好起始和停止时间，以确定要作为铃声的一段音乐，如图4-56所示。

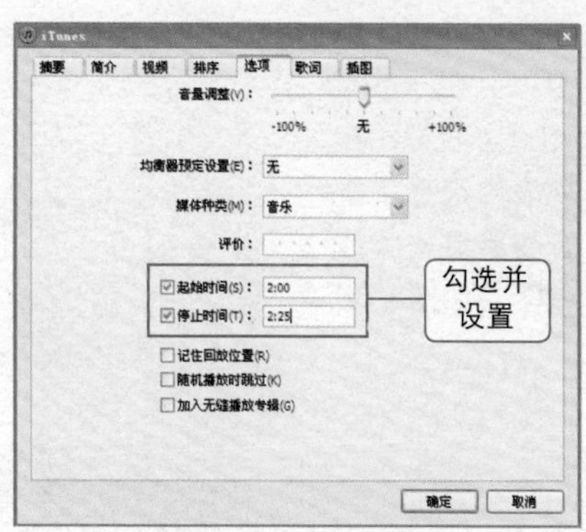

图4-56 “iTunes”对话框

7 点击“确定”完成设置，回到主面板，在该音乐上点击右键，在弹出列表中选择“创建AAC版本”，如图4-57所示。

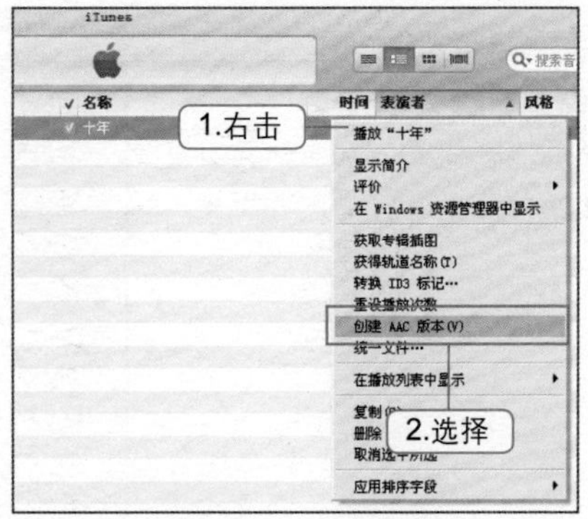

图4-57 歌曲快捷菜单

8 此时，iTunes对话框顶部会出现转换进度条，如图4-58所示。

图4-58 转换进度条

9 成功创建AAC版本后，在该版本上点击右键，在弹出的列表中选择“在Windows资源管理器中显示”，如图4-59所示。

图4-59 歌曲快捷菜单

10 进入Windows资源管理器，能看到刚创建的AAC版本的音乐，接下来要对该文件进行重命名，将其格式由“.m4a”改成iPad适用的“.m4r”。在“十年.m4a”上点击右键，在弹出的列表中选择“重命名”，将后缀格式改为“.m4r”，如图4-60所示。

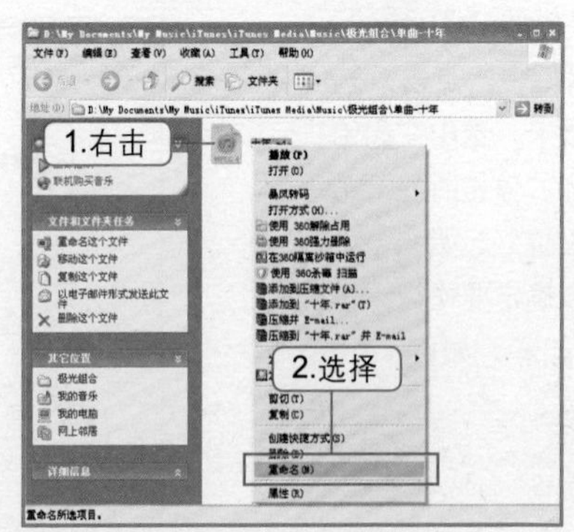

图4-60 重命名歌曲文件

此时系统将提示用户，“如果改变文件扩展名，可能会导致文件不可用。确实要更改吗？”，点击“是”。

11 再次打开iTunes面板，在左侧选项中选择“铃声”，将刚刚更改格式的文件拖入其中，如图4-61所示。

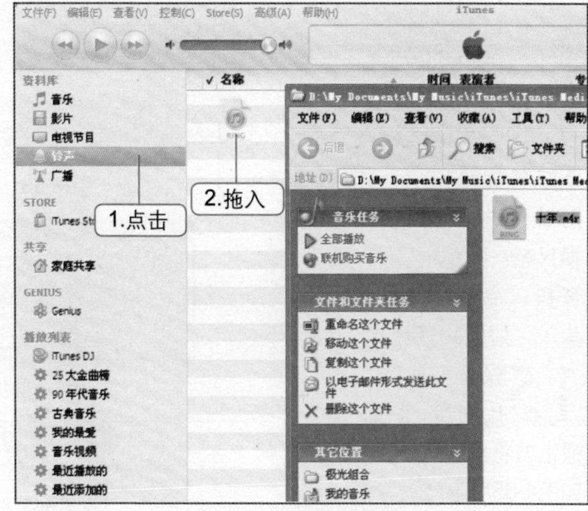

图4-61　歌曲拖入iTunes

12 将New iPad连接到电脑上，在iTunes面板中点击“设备”，即可查看到New iPad，在顶部的控制条中点击“铃声”，如图4-62所示。

图4-62　iTunes主面板

13 进入New iPad铃声同步设置面板，选中“同步铃声”，点选“选定的铃声”，然后选中刚才自制的铃声“十年”，如图4-63所示。

14 选择完成后，点击“应用”，系统将提示用户，如果对铃声进行同步将删除掉New iPad上原有的资料，点击“抹掉并同步”，如图4-64所示。

15 设置完成后，开始同步，iTunes最上方将出现同步提示，如图4-65所示。

图4-63　同步铃声

图4-64　同步提示对话框

图4-65　同步进度条

同步完成后就可以将New iPad与电脑切断连接，接下来要做的事情便是将New iPad的铃声设置成刚刚同步到其中的音乐。

此时，再次进入到如图4-50所示的界面，可以看到刚才同步到其中的音乐，如图4-66所示。选择后返回“声音”页面，即可看到铃声已被设置成了选择的音乐，如图4-67所示。

图4-66　“电话铃声”设置选项

图4-67　“声音”设置选项

4.4.5　如何更改iPad的键盘

1 进入“设置”页面，点击“通用”选项中的“键盘”选项，如图4-68所示。

图4-68　通用设置界面

2 在“键盘”选项区域中，将“首字母自动大写”开关设置为打开，这样在输入时，New iPad就会自动将首字母设为大写，将“自动改正”开关设置为打开，New iPad会自动校正输入的文字，如图4-69所示。

图4-69　“键盘”设置选项

此外，将“检查拼写”开关设置为打开，New iPad会自动检查拼写是否错误；将“启用大写字母锁定键”开关设置为打开，则在输入时连续点击两下“Shift键”就可以锁定，并以大写字母输入；将“句号快捷键”开关设置为打开，则在输入时连续点击两下空格键插入句号、句点或空格。

3 点击“国际键盘”选项，进入“键盘”选项区域，该区域上半部分显示的是已有的键盘，如图4-70所示。

图4-70 “键盘”设置选项

4 若想添加新键盘，则点击“添加新键盘”选项，打开“添加新键盘”选项区域的键盘选择列表，点击想要添加的键盘，即可完成添加，如图4-71所示。

图4-71 “添加新键盘”设置选项

5 如果要删除已有的键盘，则在如图4-70所示的界面中点击右上角的“编辑”按钮，接着点击要删除键盘左侧的“删除”图标，如图4-72所示。

图4-72 “键盘”设置选项

6 此时，键盘右侧会出现“删除”按钮，点击该按钮即可将其删除。删除完毕后，点击“完成”按钮即可返回，如图4-73所示。

图4-73 “键盘”设置选项

7 点击“添加新的短语”选项，用户可以把自己常用的词编辑到用户词典中，这样在输入时就会变得非常方便，如图4-74所示。

图4-74 “键盘”设置选项

8 点击“存储”按钮即可进行添加，如图4-75所示。

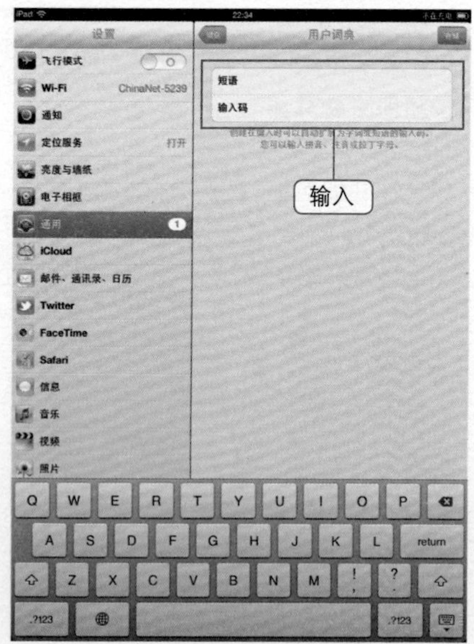

图4-75 “用户词典”设置选项

第 5 章

New iPad与网络生活

New iPad的网络功能可谓非常强大，可以使用户体验传统计算机无法做到的网页触摸交互能力。本章就为大家介绍New iPad的上网设置，使连接网络后的New iPad如虎添翼。

5.1 怎样选择网络环境

在网络发展的时代，网络普及的同时也衍生出多种上网方式，Wi-Fi、3G等都是我们常用的上网方式，选择适合的网络环境可以大大提高上网速度。

5.1.1 Wi-Fi与3G有什么区别

Wi-Fi是一种可以将个人电脑、手持设备（如PDA、手机）等终端以无线方式互相连接的技术，其标志如图5-1所示。在个人家中安装无线路由器，如图5-2所示，即可使用Wi-Fi无线网络。

图5-1 “Wi-Fi”标志

图5-2 无线路由器

第三代移动通信技术（3rd-generation，3G），是指支持高速数据传输的蜂窝移动通信技术。3G服务能够同时传送声音及数据信息，速率一般在几百kbps以上。目前3G存在四种标准：CDMA2000、WCDMA、TD-SCDMA和WiMAX。

其实，Wi-Fi和3G并没有什么关系，只是由于目前都支持高速无线上网，所以很容易混淆。简单来说，Wi-Fi是短距离无线网，也就是局域LAN无线网；3G是大范围的无线网，也就是广域WAN无线网。

3G网络只能直接通过网络运营商订购其服务，而Wi-Fi只要自己有订购网络服务并且使用带有Wi-Fi功能的设备即可。

Wi-Fi和3G的区别：

视觉方面

4G版（除支持3G网络外，还支持更为高速4G网络）New iPad背面有一个黑色塑料部分，如图5-3所示，用于解决信号接收的问题。

图5-3 Wi-Fi与4G版New iPad背部区别

注意：4G版支持UMTS/HSDPA技术，当然也向下兼容GSM和EDGE。

网络方面

这个应该才是大家最关注的问题。目前国内还不支持4G网络，而3G是通过电信公司连接Internet，所以在大部分地区都可以使用；Wi-Fi只有在自己家里或者少数有热点的场所才能接入Internet。

3G的传输速率会是384KB，而现在Wi-Fi的速率是11MB/54MB，它们之间真正的不同实际是在使用环境。也就是说，如果用户的需求只是无线数据的话，Wi-Fi是可以满足的，但如果需要在移动的环境下应用，目前3G还是最经济的选择。

花销方面

这应该也是需要考虑的一个因素。同一容量，Wi-Fi和4G版的New iPad价格相差1000~2000元人民币。如果用户不是经常“飞来飞去”，总是需要出差的商务人士，身边带个Wi-Fi版的New iPad已经够用了。当然，如果不差钱，也可以选择4G版的New iPad，享受随时随地畅游网络的乐趣。

5.1.2 如何进行Wi-Fi设置

下面先来看看如何对New iPad进行Wi-Fi设置吧。

1 点击主屏幕上的“设置”图标，进入设置设置页面，点击屏幕左侧设置列表中的“Wi-Fi”选项，如图5-4所示。

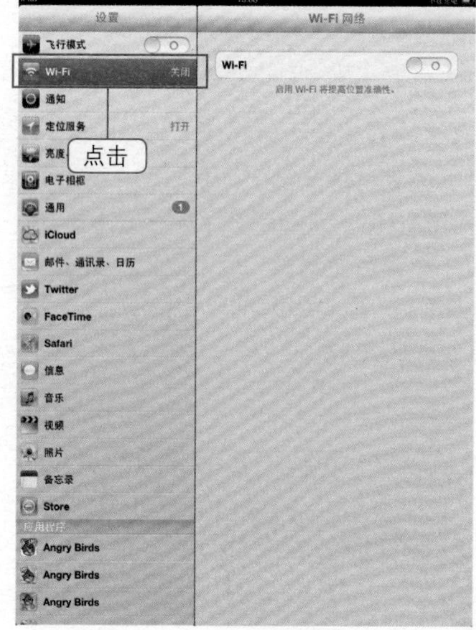

图5-4 “Wi-Fi”选项界面

2 进入“Wi-Fi”页面，打开屏幕右侧“Wi-Fi”后面的开关按钮，确保无线局域网在使用中，如图5-5所示。

图5-5 开启无线功能

3 启动无线上网功能后，我们可以在右侧的窗口中看到当前环境下的Wi-Fi列表，点击可以使用的无线网络名称，并打开“询问是否加入网络”开关，如图5-6所示。

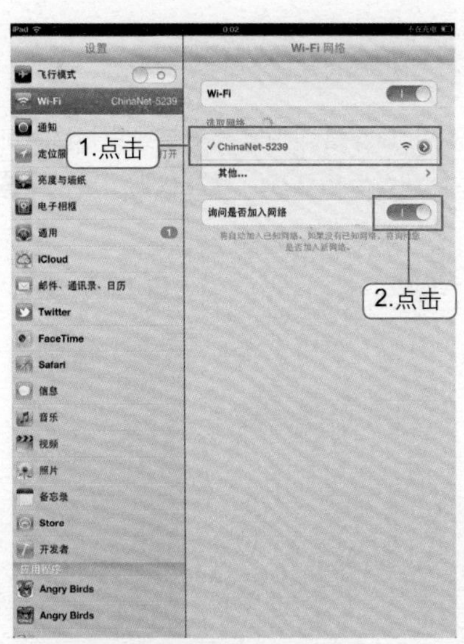

图5-6 “Wi-Fi”选项界面

4 若该无线网络设置有密码，则会弹出密码输入窗口，输入密码后点击“加入”即可进行连接，如图5-7所示。

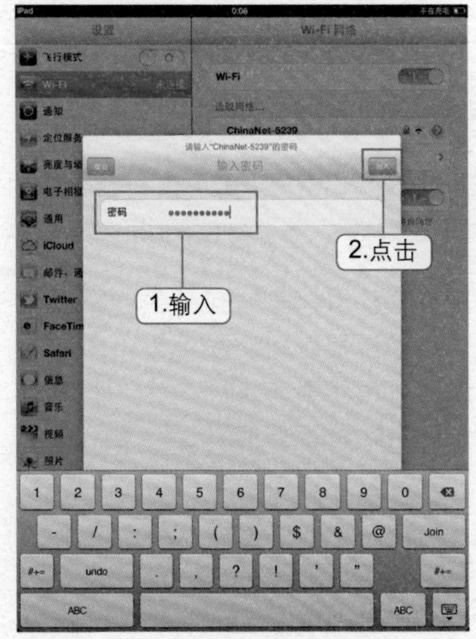

图5-7 输入密码窗口

返回到“Wi-Fi”页面时，可以看到之前要加入的Wi-Fi前面打了一个勾，而且屏幕左上角会有一个扇形的信号显示符，格数越多，代表信号越强，说明我们已经连接上了Wi-Fi。

5.1.3 如何设置3G网络

若使用3G网络，则需要安装或更换Micro-SIM卡，如图5-8所示。使用Micro-SIM卡后，在设置中选择“蜂窝数据”进行设置，即可使用3G网络进行连接。

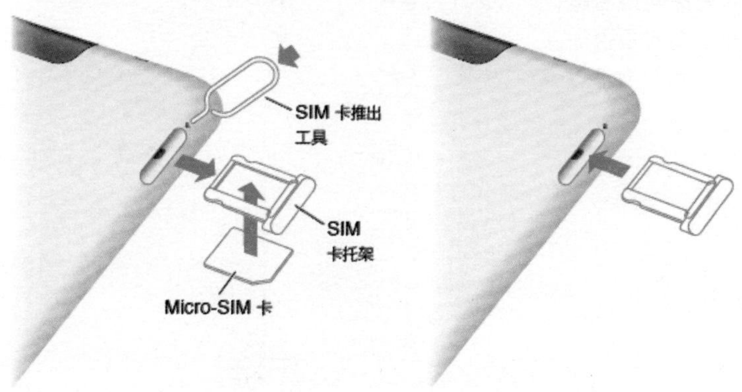

图5-8　安装或更换Micro-SIM卡

5.1.4 如何开启蓝牙

蓝牙，是支持设备短距离通信（一般10m内）的一种无线技术。能在包括移动电话、iPad、无线耳机、笔记本电脑及相关外设等众多设备之间进行无线信息交换。

利用蓝牙技术，能够有效地简化移动通信终端设备之间的通信，也能够成功地简化设备与Internet之间的通信，从而使得数据传输变得更加迅速高效，为无线通信拓宽道路。New iPad也提供了蓝牙设置。

1 点击New iPad主屏幕上的“设置”图标，进入设置页面，点击屏幕左侧的“通用”选项，进入通用页面，如图5-9所示。

图5-9　通用选项界面

2 点击左侧列表中的“蓝牙”选项，即可进入蓝牙打开与关闭界面，点击“蓝牙”后面的开关按钮，即可开启或关闭蓝牙，如图5-10所示。

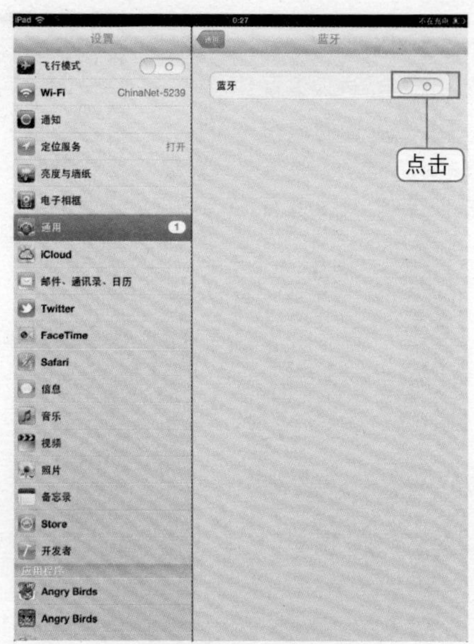

图5-10　“蓝牙”设置选项

蓝牙设置开启后，New iPad会自动搜索周围的蓝牙设备。搜索完成后，点击设备列表里没有配对的设备进行配对。配对时需要输入PIN码，输入之后，点击“配对”即可成功。

5.2　怎样使用Safari浏览器

Safari是New iPad内置的一款浏览器。New iPad的大触摸屏可以方便冲浪，整个页面可以一次呈现，通过手指在屏幕上便可进行翻页、滚动，也可对相片进行放大缩小操作，支持网页缩略，体验更为直观。

无论在Mac、iPhone、iPod touch还是iPad上运行，Safari都可提供极致愉快的网络体验方式，并不断改写浏览器的定义。下面就介绍一下Safari的使用。

5.2.1　设置Safari

首先，介绍一下Safari的自定义设置。

1 点击主屏幕上的“设置”图标，进入设置页面，点击设置列表中的“Safari”选项，进入“Safari”页面，如图5-11所示。

图5-11 “Safari”设置选项

2 点击“搜索引擎”选项可以选择使用哪个搜索引擎，默认为“Google”，也可以选择“Yahoo”，如图5-12所示。

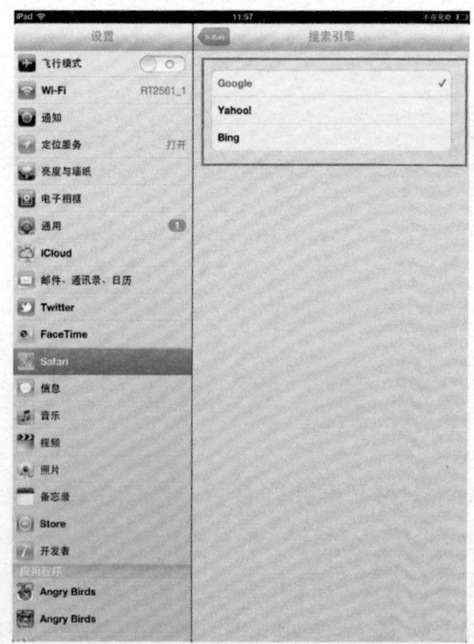

图5-12 “搜索引擎”设置选项

此时，右侧列表显示“Safari”的自定义设置选项，我们简单介绍几个常用设置选项的功能，用户可以根据需要自行更改。

3 点击“自动填充”选项，可以进入自动填充设置界面，其中，“使用联络信息”功能，New iPad将使用“通讯录”中的信息来填充Web表单上的联络信息栏。通过“名称和密码”可以使“Safari”在某些站点记住您的用户名，如图5-13所示。

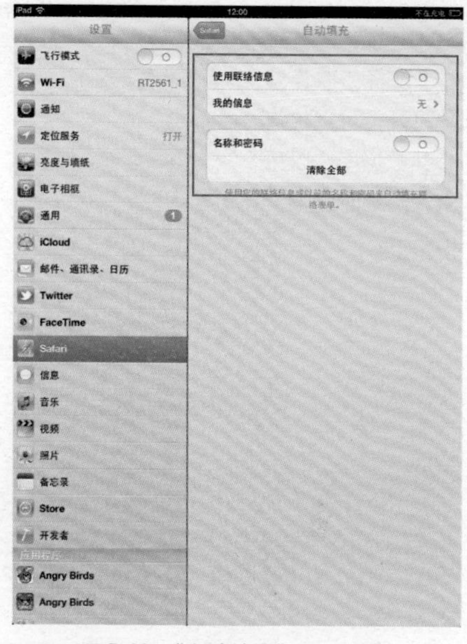

图5-13 “自动填充”设置选项

4 点击“始终显示书签栏”右侧的开关按钮，可以控制是始终显示书签，还是只有在保存书签时才显示，如图5-14所示。

图5-14 “Safari”设置选项

5 在Safari选项设置中，建议将“欺诈警告”选项打开，可以检查网站的公共数据库，以免访问欺骗性网站时受骗，如图5-15所示。

图5-15 “Safari”设置选项

6 在Safari选项设置中，还可以对历史记录、Cookie和数据进行清除，如图5-16所示。

图5-16 “Safari”设置选项

5.2.2 Safari的基本使用方法

Safari提供了浏览网页、添加/删除书签和填写Web表单等多种功能。

搜索网页

在New iPad上使用"Safari"的方法与在普通计算机上使用浏览器搜索网页的方法相同，只是界面稍有区别。

1 点击主屏幕上的"Safari"图标，打开Safari浏览器页面，如图5-17所示。

2 在"Safari"浏览器页面中点击屏幕上方的地址栏，即可弹出键盘按钮进行网址输入，如图5-18所示。输入文字后点击键盘上的"前往"按钮，即可访问该站点。

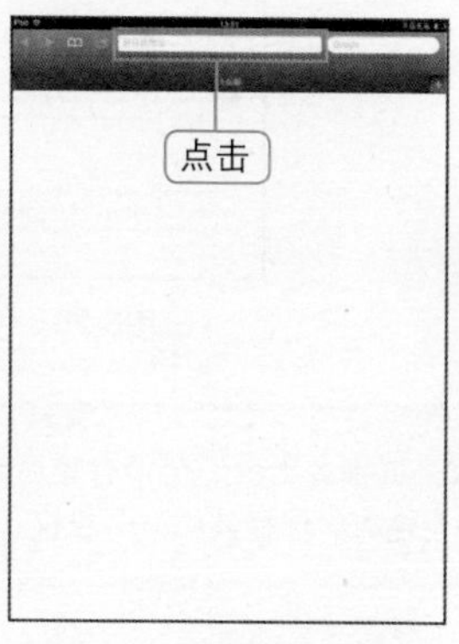

图5-17 "Safari"主界面

图5-18 输入网址

输入时，系统会根据您以前输入过的网址，给出建议，如果想要进入列表中的页面，直接点击列表中的页面即可。

3 大多时候，用户并不知道每个网页的准确地址，"Safari"浏览器还提供了内置的字段搜索功能。以"iPad book"为例，点击屏幕右上角的字段搜索栏，输入搜索项，如图5-19所示。

图5-19 输入搜索字段

4 输入完成后，点击键盘右方的“Search”进行搜索，结果以典型的Google搜索结果页面显示，点击任意链接可以查看相关结果，如图5-20所示。

图5-20　搜索结果页面

有时随着输入，屏幕会出现一个带有建议的列表，如果其中的建议满足需要，用户可以停止输入，选择其中一个建议。

浏览网页

New iPad触摸屏幕的能力为Safari浏览网页的功能提供了许多人性化操作。了解了这些技术，就能在网页间自由驰骋。

1 用上述的任意一种方法打开一个网页，以“iTunes”为例，打开iTunes页面，如图5-21所示；

图5-21　打开iTunes页面

在浏览器界面中，屏幕的上方有标题栏、工具栏、地址栏及搜索栏，屏幕中显示网页内容为浏览器窗口。

2 用手指触摸并上下拖曳屏幕就可以浏览网页内容，此时，右侧会显示进度条，提示浏览内容占整个网页的比例，可通过触摸并拖曳进度条快速定位网页浏览，如图5-22所示。

图5-22　浏览进度条

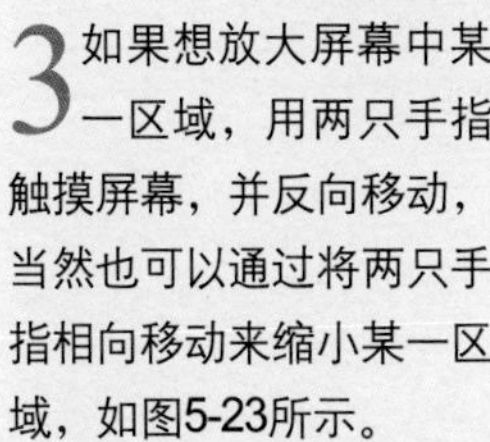

3 如果想放大屏幕中某一区域，用两只手指触摸屏幕，并反向移动，当然也可以通过将两只手指相向移动来缩小某一区域，如图5-23所示。

4 可以点击两次图文或文字中的段落来放大该指定区域，如图5-24所示。

图5-23　放大浏览网页

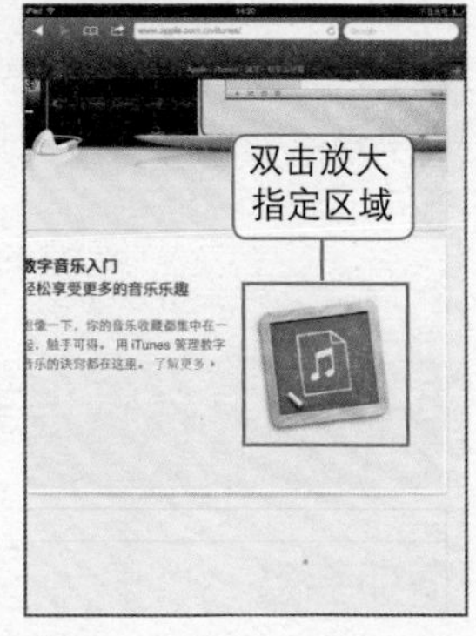

图5-24　放大浏览指定区域

放大后再点击两次就可以回到正常比例。

访问以前站点

如果想浏览此前访问的最后一页非常容易，只需点击屏幕上角的按钮即可，如图5-25所示：

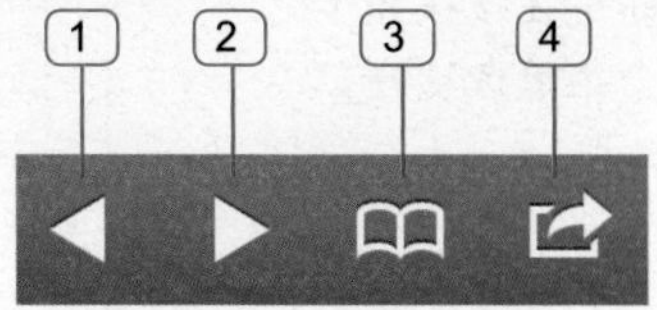

图5-25　网页控制按钮

1 点击访问此前浏览的最后一页。

2 点击会向前移动，回到最近访问的网页。

3 点击可以查看书签及之前浏览过的网页记录。

4 点击可以进行添加书签、添加到阅读列表或者添加到主屏幕等操作。

例如，点击屏幕顶部“书签”→“历史记录”选项，可以浏览历史记录列表，如果列表很长，可以上下拖曳访问，点击列表中任意项进入相关界面访问，如图5-26所示。

图5-26 “书签”选项

5.2.3 怎样管理书签

添加书签

如果经常访问某些网页，我们可以为其创建标签，以达到快速访问的效果。

1 打开任意浏览网页，点击屏幕顶端最右侧的控制按钮，即可在该按钮下方弹出一个菜单选项栏，如图5-27所示。

图5-27 书签菜单选项

2 点击“添加书签”按钮，可以编辑“书签”的名称，网页会提供正式的默认标题，用户也可以通过键盘进行自定义修改。编辑完标签名称之后，点击“存储”即可将当前页面添加为书签，如图5-28所示。

图5-28 “添加书签”窗口

删除书签

有添加书签，自然就有删除书签，Safari提供了两种删除书签的方式。

方法一：

1 点击Safari屏幕顶端的“书签”按钮，即可在该按钮下方弹出书签窗口，如图5-29所示。

图5-29 “书签”选项窗口

2 用手指左右拖动某个书签，会在该书签后方出现一个“删除”按钮，点击该按钮即可删除书签，如图5-30所示。

图5-30　删除书签

方法二：

1 点击Safari屏幕顶端的“书签”按钮，即可在该按钮下方弹出书签窗口。点击右上角的“编辑”按钮，如图5-31所示。

图5-31　“书签”选项窗口

2 此时“编辑”按钮变成“完成”，每个书签的左端都出现红色短横线，如图5-32所示。

图5-32　“编辑”书签选项

3 点击要删除的书签左侧的短横线，如图5-33所示。

图5-33　删除书签

4 此时，红色短横线变成红色短竖线，同时右侧出现“删除”按钮，点击“删除”后书签就立即删除了，如图5-34所示。

图5-34　删除书签

5.2.4　如何打开多个网页

Safari可以同时打开多个网页，并以缩略图的形式呈现出来，帮助用户更好地交替浏览网页内容。大屏幕不浪费，浏览网页更畅通。

1 按住浏览器右上方的“最近关闭标签”按钮，即可弹出“最近关闭的标签”窗口，如图5-35所示。

图5-35　“最近关闭标签”窗口

2 点击“最近关闭的标签”按钮，则出现Safari全景视图，即可添加一个无标题的新标签，如图5-36所示。用户可以输入新的搜索项，这并不影响以前浏览的网页。

图5-36　添加新标签

5.2.5　如何在主屏幕添加网址链接

如果有些网页更为重要，用户也可以添加至主屏幕，将其保存为一个图标，放在New iPad的主屏幕上。

1 在浏览器上方点击最右侧的控制按钮，即在该按钮下方弹出一个菜单选项栏，点击“添加至主屏幕”选项，即可打开添加至主屏幕编辑界面，如图5-37所示。

图5-37　书签菜单选项

2 在主屏幕编辑界面中，可以在网页缩览图后的文本框中输入该快捷方式的名称，如图5-38所示。点击“添加”按钮，即可将该网页以快捷方式的形式添加到主屏幕上。

图5-38 “添加至主屏幕”窗口

注意

在主屏幕上点击添加后的网址图标，即可快速访问网站。

5.3 使用App Store管理软件

5.3.1 如何登录软件商店

1 点击主屏幕上的“App Store”图标，即可打开App Store软件商店界面，如图5-39所示。

2 在软件商店界面中，手指向上拖动将页面拖动至底部，点击“登录”按钮，即可弹出登录窗口，如图5-40所示。

图5-39 App Store主界面

图5-40 “登录”窗口

3 点击“使用现有的Apple ID”按钮，即可进入登录界面，在登录界面中输入账号和密码，如图5-41所示。

4 点击“好”按钮，即可登录软件商店，如图5-42所示。

图5-41　账户和密码窗口

图5-42　登录成功

5.3.2　如何免费下载软件

1 登录软件商店以后，点击屏幕下方的“排行榜”按钮，即可进入应用软件排行界面，如图5-43所示。

图5-43　“排行榜”界面

2 在排行榜界面的下方即为免费iPad应用软件排名，如图5-44所示。

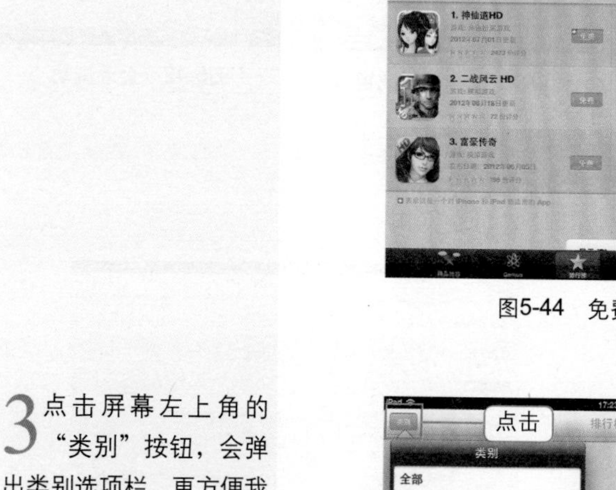

图5-44　免费iPad应用

3 点击屏幕左上角的“类别”按钮，会弹出类别选项栏，更方便我们选择软件应用，点击想要下载的免费软件预览图，即可进入下载界面，如图5-45所示。

图5-45　“类别”选项栏

4 在软件下载界面中，点击“免费”按钮，“免费”按钮将变为“安装应用软件”按钮，点击该按钮即可安装该免费软件，如图5-46所示。

图5-46　软件下载界面

5.3.3　如何更新应用程序

1 点击屏幕下方的“更新”按钮，即可进入更新界面，如图5-47所示。

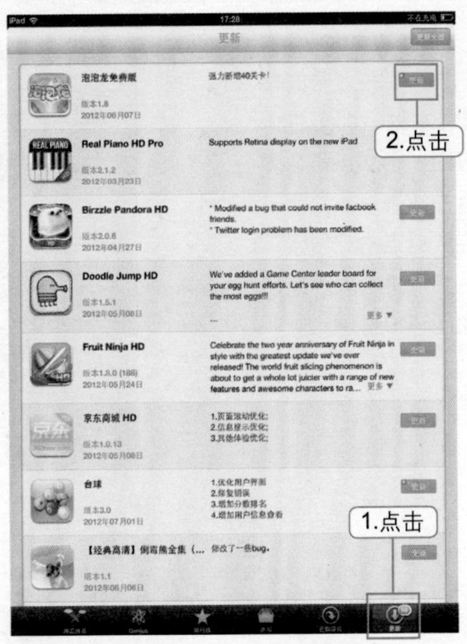

图5-47　“更新”界面

2 点击需要更新的软件选项，即可进入该软件更新界面，如图5-48所示。点击“更新”按钮，即可进行该软件的更新。

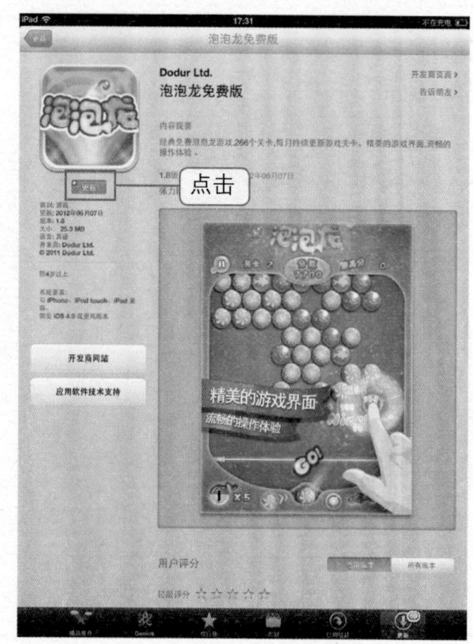

图5-48　软件更新界面

5.3.4　如何搜索应用程序

1 点击屏幕右上角的搜索文本框，即可进入搜索界面，再次点击会弹出键盘按钮来输入文字，输入完成后点击“搜索”按钮，即可进行软件的搜索，如图5-49所示。

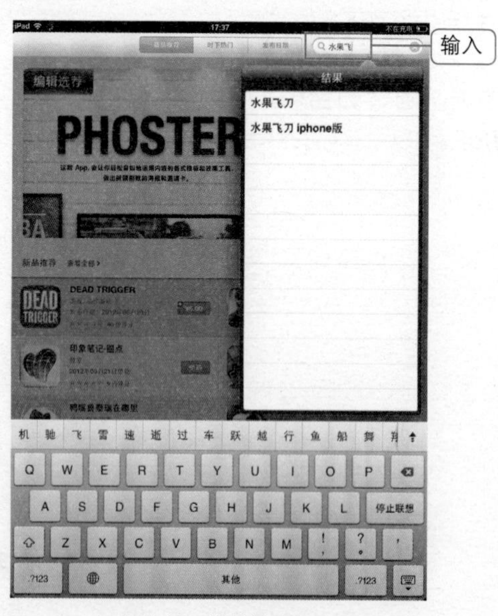

图5-49　软件搜索框

2 在搜索界面上方有许多分类选项按钮，点击每一个按钮都会弹出对应的选项栏，以便更细致地查找软件应用程序，如图5-50所示。

图5-50 搜索结果界面

5.4 UC浏览器

UC浏览器原名UCWEB，是一款“把互联网装入口袋”的主流手机浏览器，速度快而稳定，具有视频播放、网站导航、搜索、下载和个人数据管理等功能，适用于国内目前流行的所有手机操作平台。

在New iPad上安装UC浏览器，能使New iPad上网浏览功能更加强大。UC浏览器可以直接在App Store中获得，安装好以后，就可以体验UC强大的功能了。

1 点击主屏幕上的“UC浏览器”图标，即可打开UC浏览器界面，如图5-51所示。软件默认以“1倍”小屏幕显示，点击右下角“2倍”可以切换到全屏模式。

2 进入UC浏览器全屏模式，页面从上至下分别为：搜索栏、常用导航栏，非常舒心的设计，让用户的搜索更便捷，如图5-52所示。

图5-51 UC浏览器1倍界面

图5-52 UC浏览器全屏模式

3 在页面最上方的搜索栏中输入想要浏览的网站网址，输入完后点击“前往”按钮，如图5-53所示。

图5-53　搜索界面

图5-54　搜索结果界面

4 打开搜索网页，如图5-54所示，在浏览网页的过程中可以随时添加导航，点击左上角的“星星”按钮。

5 此时，将跳转到新的界面，可以选择将网页添加到“书签”或者“导航”，如图5-55所示。

图5-5　“书签”界面

6 再来介绍一下屏幕最下方几个按钮的功能，从左至右依次为：返回到上一层网页、前进到下一层网页、对UC浏览器进行设置、打开多个网页窗口、返回浏览器主页，如图5-56所示。

图5-56　底部功能按钮

注意　其中，打开多个网页窗口与Safari打开多个网页功能相同，中间数字表示现已打开的网页。

7 点击“设置”按钮，在设置页面中，有“常用”、“设置”和“工具”三个选项卡，选择不同的选项卡可以对UC进行多种设置，如图5-57所示。

图5-57　功能选项菜单

8 UC还提供了更多内容丰富的网站，在UC主界面上向右滑动可以看到，直接点击即可浏览，如图5-58所示。

图5-58　“我的应用”界面

5.5　RSS新闻信息

RSS（Really Simple Syndication）是在线共享内容的一种简易方式。RSS的最大作用是，让用户以最少的时间来获得最需要的信息，而不用陷入信息的海洋里。

Mobile RSS是一款全功能的，支持New iPad客户端的Google Reader阅读器，支持离线阅读、图片保存和标识等。利用这个阅读器，Google注册用户可以及时获得自己挑选的内容或更新的信息聚合。

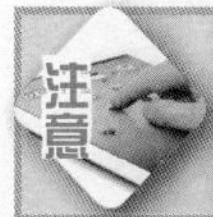

Google Reader是Google提供的在线RSS阅读工具，在经过了几次更新后，已经有比较多忠实的使用者。

Mobile RSS阅读器会自动将所有更新内容排在一起，用户不用一个站点一个站点地去浏览内容，只需要查看Mobile RSS即可，这在一定程度上提高了用户的浏览效率。

1 在New iPad主界面中选择“Mobile RSS”，在弹出的用户登录界面中，需用Gmail账号登录，输入邮箱账号和密码，如图5-59所示，输入完账户和密码，点击“登录”。

2 在“Mobile RS”主界面，点击左上角的“添加”按钮，可添加订阅，如图5-60所示。

图5-59　登录界面

图5-60　“Mobile RSS”主界面

免费版的Mobile RSS可以在App Store中获得，不过收费版的Mobile RSS与免费版相比，最大的优势就是支持RSS字段搜索，对于没有丰富RSS种子或者懒得输入RSS种子的人提供了很大的便利。

3 进入“添加订阅”界面，可以搜索栏中输入RSS种子URL或者字段，以“南方周刊”为例，输入完成后，点击右下角的“搜索”按钮，如图5-61所示。

图5-61 “添加订阅”界面

4 在搜索结果界面，选择想要订阅的一个或多个内容，点击左侧“添加”按钮，如图5-62所示。

图5-62 搜索结果界面

一个RSS文件就是一段规范的XML数据，该文件一般以rss、xml或者rdf作为后缀，发布一个RSS文件一般就称为RSS种子（RSS Feed）。这个RSS种子中包含的信息就能直接由其他站点调用，也能在其他的终端和服务中使用。网络上提供了大量的RSS种子资源，供大家使用。

5 订阅成功后，内容左面变成绿色对号，点击右侧蓝色按钮，可对该订阅内容进行编辑，如图5-63所示。

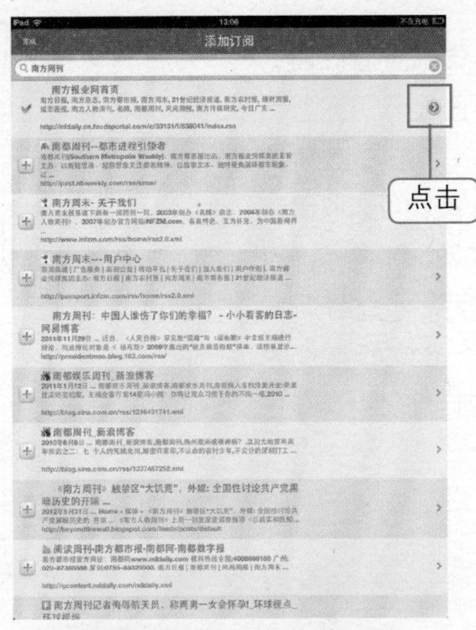

图5-63 “编辑订阅”界面

6 在订阅编辑界面，滑动滑块开启“自定下载全文”，可根据其他需要编辑选项，如图5-64所示，点击“取消订阅”即可取消此订阅。

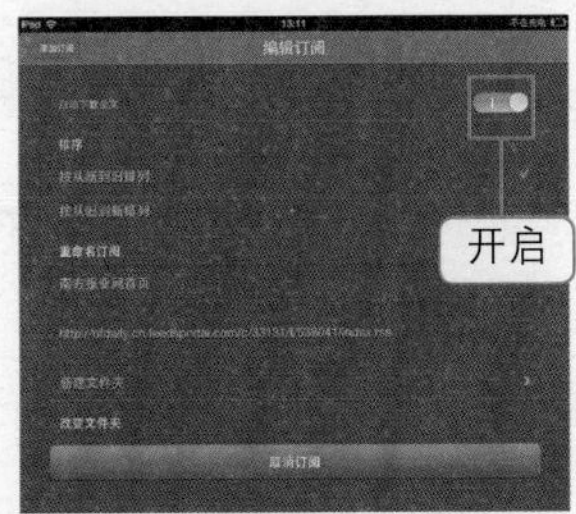

图5-64 搜索结果界面

7 完成订阅之后，回到RSS主界面后即可查看刚订阅的“南方周刊”，右侧列表显示十条内容简介，点击其中任意一条完整查看，如图5-65所示。

图5-65 新闻源界面

8 进入详细查看界面，此界面显示了完整新闻内容，点击右上角的“星号”按钮可以收藏该新闻，如图5-66所示。点击右侧箭头可查看新闻来源，点击或者拖曳左侧空白列可返回RSS主界面。

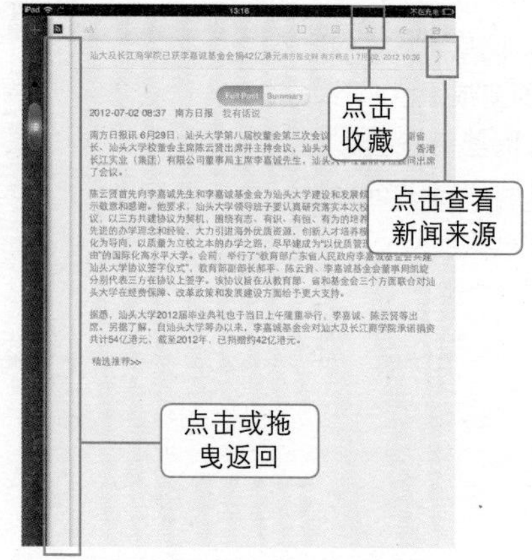

图5-66　新闻内容界面

5.6　即时通信

使用New iPad进行网上冲浪，除了可以浏览网页外还可以进行即时消息通信，可以使用如QQ和飞信等软件。

5.6.1　QQ

QQ HD是一款应用于New iPad上的即时通信软件，方便您和QQ好友之间的即时交流和沟通。在这个互联网日益盛行的年代里，拥有这样的交流工具，无疑会使您的生活更加丰富多彩。QQ HD可以在App Store中免费获得，安装好之后就可以随时使用了。

1 安装完成后，点击主屏幕上的QQ HD图标，即可进入登录界面，如图5-67所示。在QQ登录界面中点击账号及密码后的文本框，即可弹出键盘按钮来输入账号及密码。

图5-67　QQ登录界面

QQ支持横竖屏模式，但在横屏模式下界面设计更加友好，且可以实现“添加好友”功能，故以下用横屏模式演示介绍。

2 点击“登录”按钮，即可登录QQ进行聊天。若想添加好友，点击左侧列表上方的“+”号键，再输入想要查找的好友ID即可，如图5-68所示。

图5-68 QQ HD主界面

3 若想与好友聊天，可点击屏幕左侧好友栏中任意在线好友图标，即可打开聊天窗口，与电脑端聊天方法一样，如图5-69所示。

图5-69 点击好友聊天

4 点击聊天窗口中的文本框，即可弹出键盘按钮来输入文字，输入完成后点击键盘上的“发送”按钮即可发送文字信息，如图5-70所示。

图5-70 QQ HD主界面

5 点击聊天窗口文本框上方的“图片”按钮，可以打开New iPad相簿界面进行照片选择，如图5-71所示。

图5-71 “照片图库”窗口

6 选择照片后，会进入照片编辑界面，照片编辑完成后点击“发送”按钮，即可发送照片，如图5-72所示。

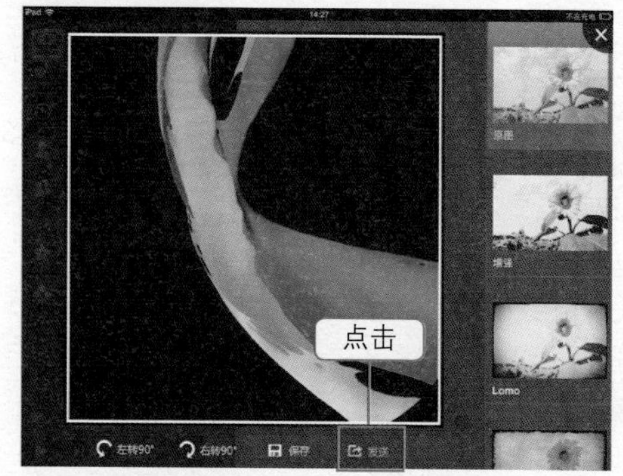

图5-72 照片编辑界面

点击聊天窗口文本框上方的“视频”按钮，即可在该按钮上方弹出视频选项栏，点击“视频通话”按钮，即可与朋友进行视频通话。

5.6.2 飞信

飞信是中国移动推出的“综合通信服务”，即融合语音、GPRS和短信等多种通信方式，覆盖三种不同形态（完全实时、准实时和非实时）的客户通信需求，实现互联网和移动网间的无缝通信服务。

1 首先下载飞信应用程序，在主屏幕上点击“爱飞信”图标，即可进入飞信登录界面，如图5-73所示。在飞信登录界面中输入飞信账号或手机号及密码，点击“登录”按钮，即可登录飞信。

2 进入飞信以后，点击屏幕上方的“我的好友”按钮，即可在该按钮下方弹出我的好友列表。点击列表中的某个好友，即可将该好友添加到主页面下方便联系，如图5-74所示。

3 在飞信主界面中点击某一个好友，即可弹出与该好友的聊天窗口，点击聊天窗口下方的文本框，即可弹出键盘来输入文字，如图5-75所示。输入完成后，点击“发送”按钮，即可发送免费信息。

4 点击屏幕左上角的“设置”按钮，将弹出设置窗口，可以对自动登录、声音提示、上线提示以及防止休眠等进行设置，如图5-76所示。

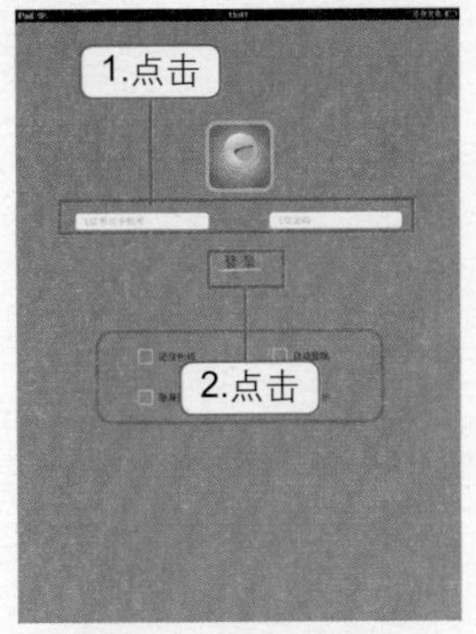

图5-73　飞信登录界面

图5-74　“我的好友”界面

图5-75　信息发送界面

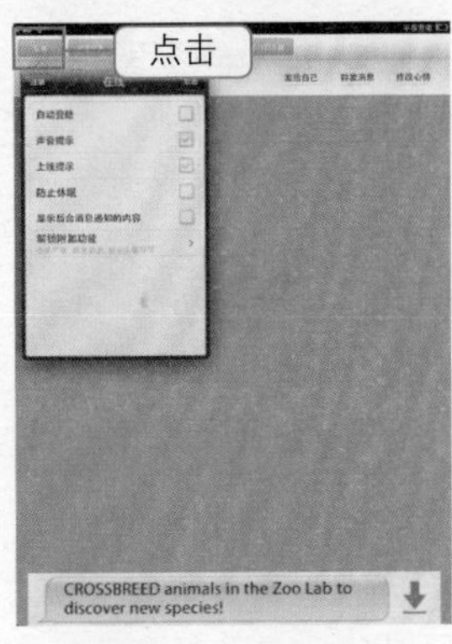

图5-76　“设置”窗口

5.7　新浪微博

新浪微博是全中国最主流、最具人气以及当前最火爆的微博产品。用户可以用一句话随意记录生活，用手机随时随地发微博，快速发现最热最火最快最酷最新的资讯。

在New iPad上也可以上微博，适用于New iPad的新浪微博应用可以在iTunes中免费获取，下面就介绍一下新浪微博的主要功能。

1 点击主屏幕上的“微博HD”图标，即可进入新浪微博登录界面，如图5-77所示。在登录界面中输入账号及密码，点击“登录”按钮，即可登录新浪微博。

2 登录新浪微博后，可以看到在屏幕的左侧有各种微博选项及工具，用手指上下拖动文字信息区域，可以浏览新浪微博用户所更新的信息，如图5-78所示。

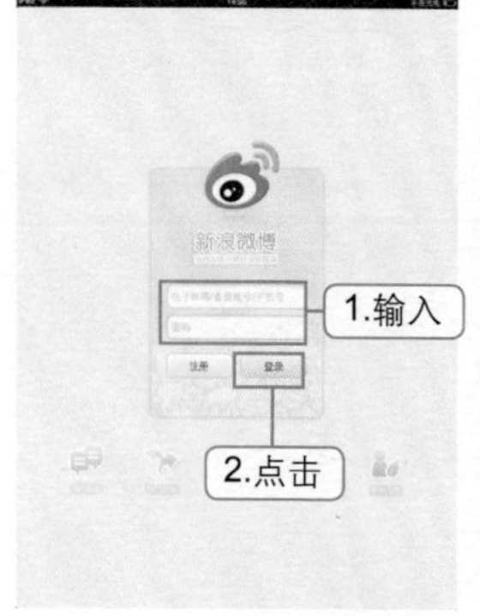

图5-77　新浪微博登录界面

图5-78　新浪微博主界面

3 点击屏幕左下角的“编写”按钮，可以打开微博编写界面，如图5-79所示。

4 输入文字后，点击“发送”按钮，即可发送这一条微博信息，如图5-80所示。

图5-79　新浪微博主界面

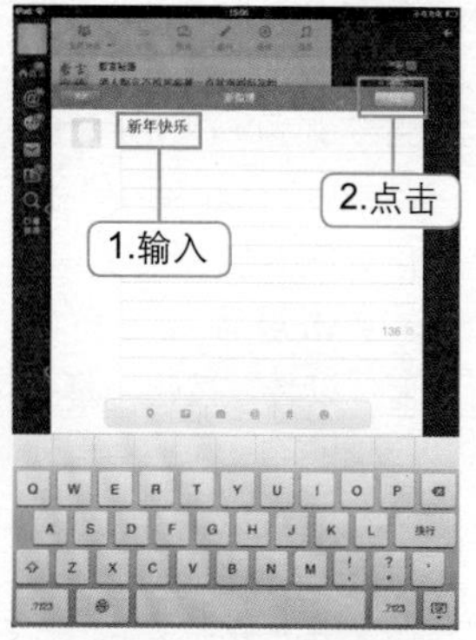

图5-80　“新微博”界面

5 点击微博区某一条微博，即可在屏幕的右侧弹出该微博的详细信息，点击右上方的“评论”按钮，即可打开评论输入界面，如图5-81所示。

6 输入评论文字后，点击“发送”按钮，即可对这条微博进行网上评论，如图5-82所示。

图5-81　微博内容界面

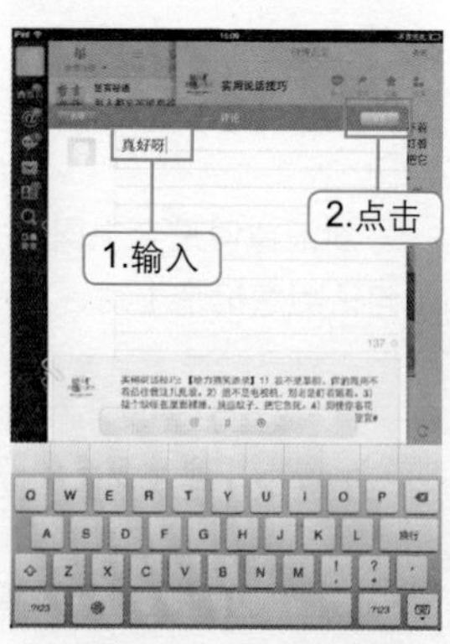

图5-82　“评论”界面

5.8　畅游电子杂志

通过New iPad，只要安装一个小小的软件，就可以随时随地阅读电子杂志，比如凤凰周刊和周末画报等，非常方便。

5.8.1　凤凰周刊

凤凰周刊可以在iTunes中免费获取，下载并安装完成之后即可查看电子杂志，下面就介绍一下它的功能。

1 在New iPad主界面点击凤凰周刊图标，左右滑动即可查看最新的杂志，如图5-83所示。

2 点击“更多精彩”可以查看更多的杂志，如图5-84所示。

图5-83　凤凰周刊主界面

图5-84　“期刊精选”界面

3 点击某一期杂志，进入该杂志页面，如图5-85所示，点击页面右上角的“下载”，即可完成对该期杂志的下载。

4 下载完成后，点击“阅读”，就可以阅读杂志了，如图5-86所示。

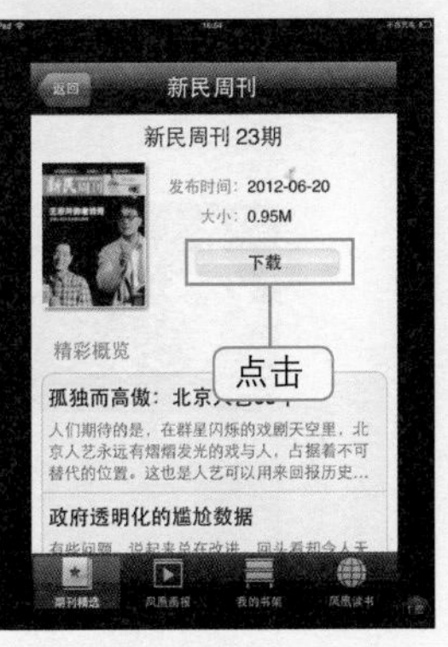

图5-85　杂志下载页面

图5-86　杂志阅读界面

注意：点击页面底部的“凤凰画报”、“我的书架”和“凤凰读书”，可以在相应栏目间切换。

5 点击“阅读”之后，即可看到该期杂志的目录，如图5-87所示。

6 点击任一目录即可阅读，如图5-88所示。

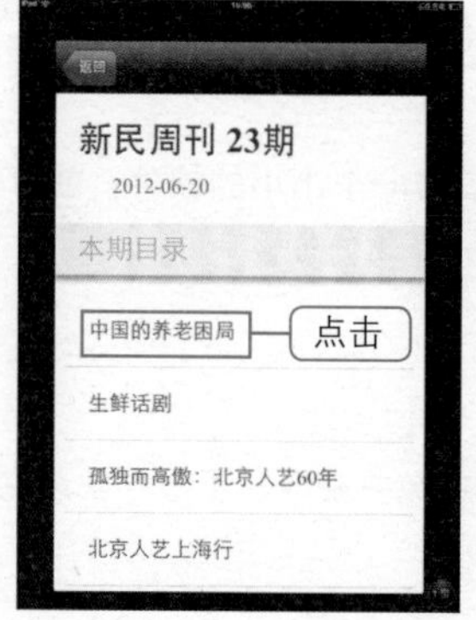

图5-87　杂志目录界面

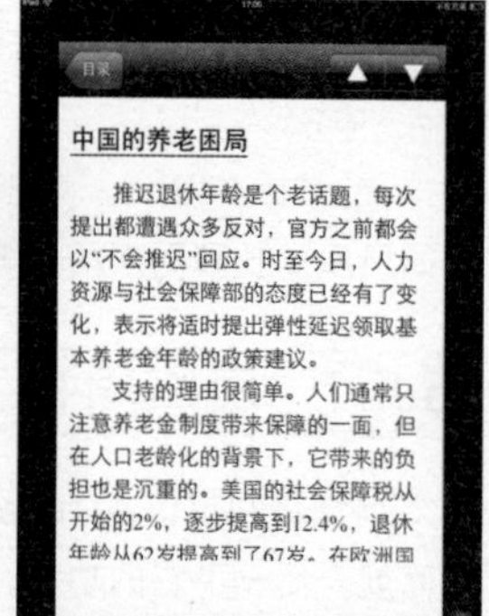

目录

中国的养老困局

推迟退休年龄是个老话题，每次提出都遭遇众多反对，官方之前都会以“不会推迟”回应。时至今日，人力资源与社会保障部的态度已经有了变化，表示将适时提出弹性延迟领取基本养老金年龄的政策建议。

支持的理由很简单。人们通常只注意养老金制度带来保障的一面，但在人口老龄化的背景下，它带来的负担也是沉重的。美国的社会保障税从开始的2%，逐步提高到12.4%，退休

图5-88　阅读杂志

5.8.2　周末画报

有了New iPad，周末画报就可以随时相伴，在iTunes中免费获取周末画报并安装，下面就来看看周末画报的精彩内容吧！

1 在New iPad主界面点击周末画报图标，进入周末画报主页面，如图5-89所示。

图5-89　周末画报主界面

2 点击底部中间“Bloggers”按钮可以查看博客文章，如图5-90所示，点击右侧“My Fave”按钮可以查看收藏的画面，而点击左侧“Magazine”按钮可以回到主页面。

图5-90 博客文章界面

3 点击主界面左下角的“设置”按钮，可以对周末画报进行“更新设置”或“分享设置”等设置，设置完成后点击“保存”，如图5-91所示。

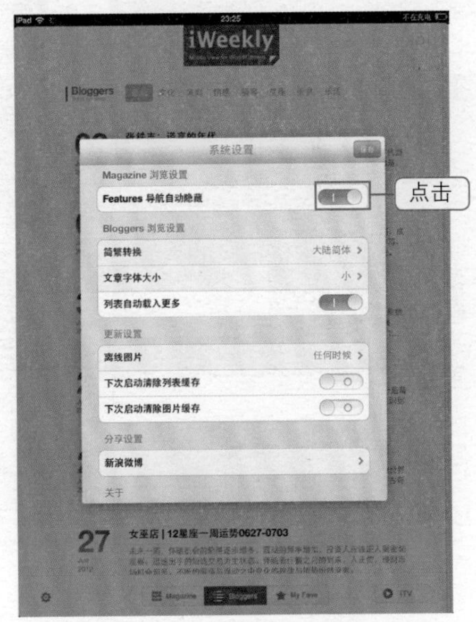

图5-91 “系统设置”窗口

4 在主页中直接点击某一幅画即可查看该画报，在图片上左右滑动即可看到其他图片。点击下方的“收藏”按钮可以收藏该画报，如图5-92所示。

5 点击“分享”按钮可以进行“使用E-mail分享”、“保存到相册”和“分享到新浪微博”等操作，如图5-93所示。

6 例如，选择“分享到新浪微博”选项，在弹出页面中需要输入新浪微博的“用户名”和“密码”如图5-94所示。输入完成后，点击“登录”即可将图片分享到新浪微博中。

图5-92　查看画报界面

图5-93　“分享”菜单选项

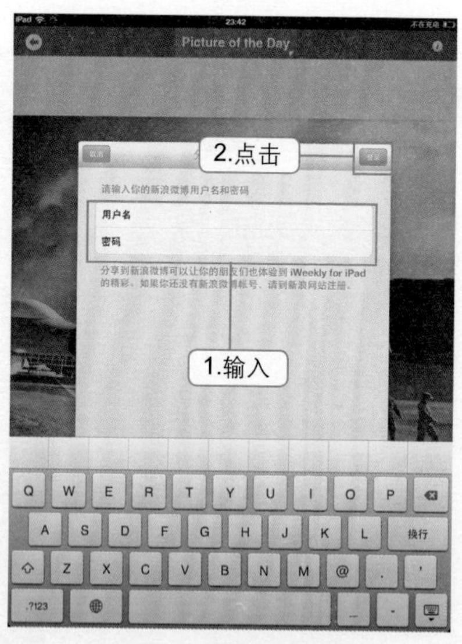

图5-94　查看画报界面

第6章

New iPad生活好帮手

New iPad不仅是个娱乐工具，它还是个生活百宝箱，是人们出行必不可少的工具！通过New iPad可以快速查询交通信息、了解周边环境、查询天气情况以及使用计算器等。

6.1 出行导航

出门总容易迷路？出门后才发现忘了查公交站点？通常我们需要找台能上网的电脑才能解决这些问题。现在好了，有了New iPad，您可以随时随地解决问题了。

6.1.1 卫星导航

随着卫星导航技术的普及，出现了很多应用于移动设备的导航软件，New iPad当然也不例外。New iPad内置了“Google地图”应用程序，有传统、卫星、混合和地形四种地图，可以方便地搜索位置，获得索引。不管是去市区办事，还是去田野郊游，都是计划行程的好工具。那么，到了陌生的地方，如何使用New iPad快速找到您的目的地呢？

1 在New iPad主界面上点击“地图”图标，进入“地图”应用程序界面，如图6-1所示，点击左上角的“搜索”。

2 在右上角的地址栏中输入地址，例如“天津大学”，如图6-2所示。

图6-1 “地图”主界面

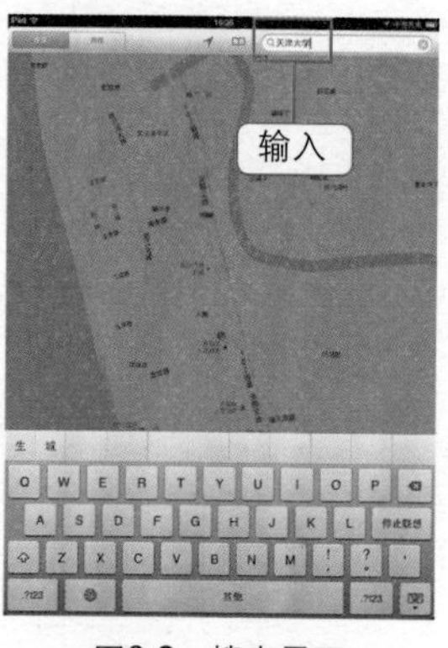

图6-2 搜索界面

3 点击屏幕键盘上的“搜索”按钮进行搜索，地图将移动到相应位置，并用“红色大头针”标识，如图6-3所示。

图6-3 搜索地图结果

4 点击位置旁边的蓝色按钮可以获取更多信息，如图6-4所示。其中，“添加到通讯录”可以向“联系人”应用程序中添加姓名、电话和地址等信息；“共享位置”可以利用E-mail向其他人发送某地具体位置；“添加到书签”可以为此位置在“地图”应用程序中创建书签。

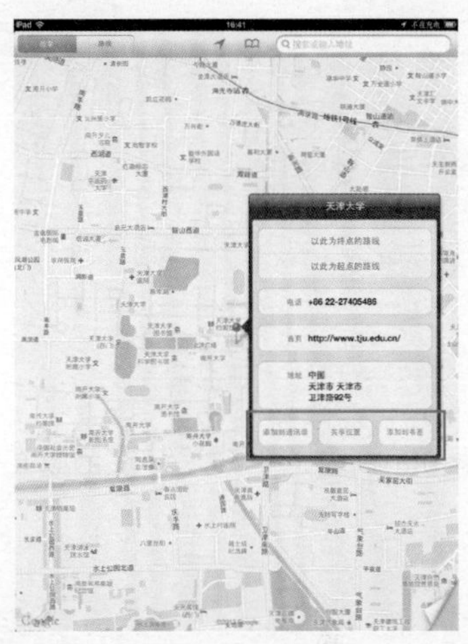

图6-4 搜索界面

如果想在地图中获取自己的当前位置，可以点击屏幕顶端GPS按钮，这样系统会将你的位置放在地图中央，大家不妨都来试一试！

更多时候，我们希望获取点到点的详细路线，以方便我们出行，下面就为大家介绍查询方法。

1 在“地图”应用程序界面，点击左上角的“路线”按钮，如图6-5所示。右上角显示两个地址栏，左边字段为自己当前位置，可进行更改，右边字段为目标位置。在“目标位置”地址栏中输入目标位置，例如“天津百货大楼”。

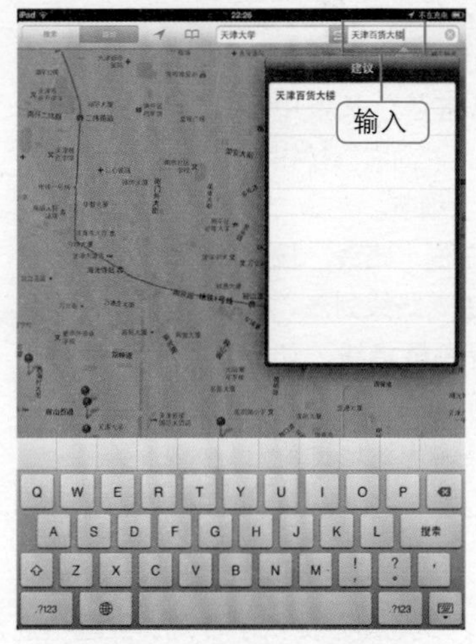

图6-5 输入目标位置

2 点击键盘屏幕上的“搜索”按钮进行搜索，获取路线后，地图上将显示一条蓝色的路线，最下方的蓝色长条提供了“驾车”、“公交”和“步行”3种到达方式，可以根据自己需要选择一种，如图6-6所示。

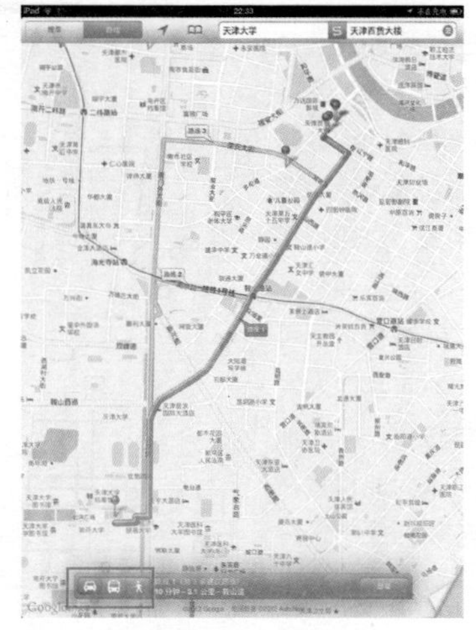

图6-6　获取路线提示

选择其中一种到达方式后，在右侧会显示大致所需的时间。

3 在了解了出行的大致时间后，点击“出发”，进入路线细节导航界面，如图6-7所示，可以通过点击蓝色长条中“向左”或“向右”按钮查看每一步细节。

4 点击左侧“路线”按钮，进入路线列表，可以查看大概路线，如图6-8所示，点击列表中任意一步跳转到地图中相应位置。

图6-7　路线细节导航界面

图6-8　路线列表

此外，“地图”提供了传统、卫星、混合和地形4种视图方式，而在线地图最方便的就是可以使用卫星和街道视图了。

1 在任意导航界面中，点击右下卷角，如图6-9所示。

2 进入视图选择界面，点击“卫星”，如图6-10所示。

图6-9 导航界面

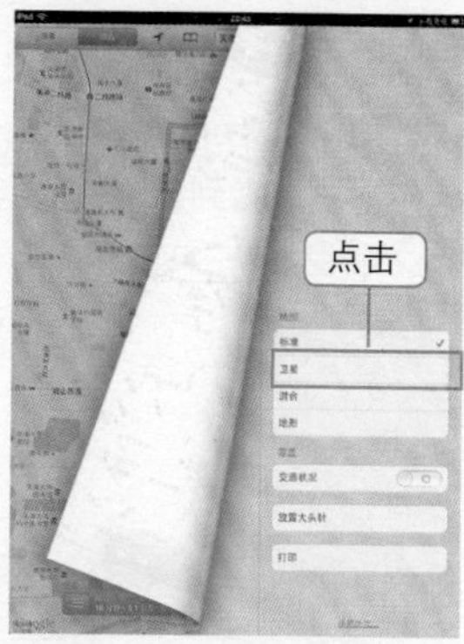

图6-10 视图选择界面

3 进入卫星视图界面，如图6-11所示。

4 可以两只手反向移动，放大地图，进而看到街道的真实面貌，如图6-12所示。

图6-11 卫星视图界面

图6-12 放大显示界面

5 如果想在卫星视图上看到更多地图参数，则点击“混合”，如图6-13所示。

6 进入混合视图模式，如图6-14所示。

图6-13 视图选择界面

图6-14 混合视图界面

7 而点击“地形”，如图6-15所示。

8 则可以看到规整的地形视图，如图6-16所示。

图6-15　视图选择界面

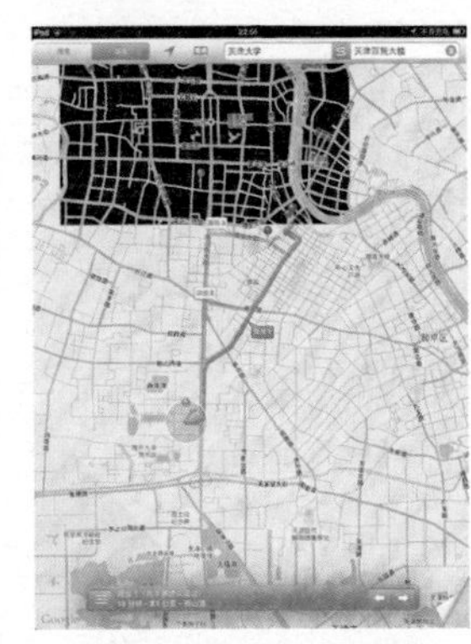

图6-16　地形视图界面

6.1.2　公交查询

带着New iPad乘坐公交最方便之处是，不用出门前就计划好怎么走，有了“全国公交线路”，不用再受固定路线的限制了，坐在车上查路线，想怎么走就怎么走！

1 在New iPad主界面中点击“全国公交线路”图标，进入“系统设置”界面，如图6-17所示。

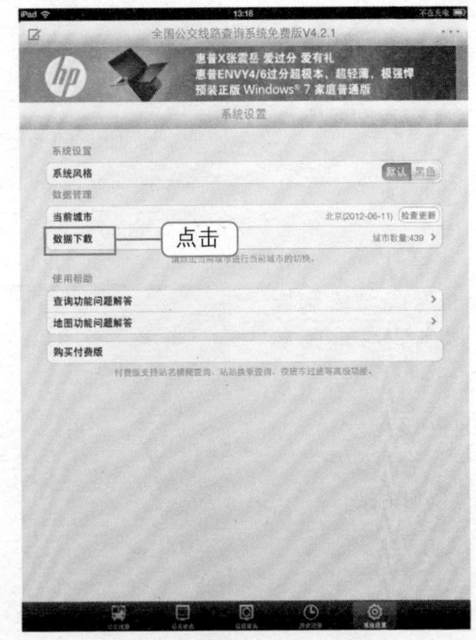

图6-17　“系统设置”界面

2 在“当前城市”选项中可以看到，默认为“北京”，若想切换成其他省市，点击“数据”下载，如图6-18所示。在“数据下载”页面中，选择关注的省市，如“天津”，点击其右侧的“下载数据”按钮。

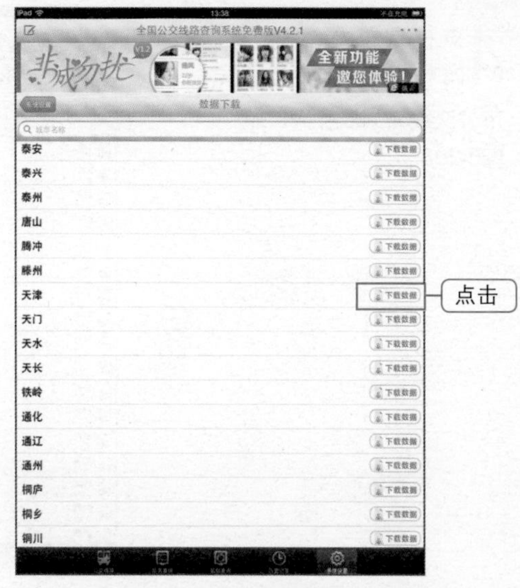

图6-18　“数据下载”界面

也可以在“城市名称”搜索栏中输入城市名称，从而快速查找到该城市。

3 在弹出的确认下载对话框中，点击“确定”即可完成数据的下载。下载后，系统将给出提示，是否将该城市设为当前城市，点击“确定”，如图6-19所示。

图6-19　“数据下载”窗口

4 点击底部"公交线路"选项，进入天津市公交线路列表界面，如图6-20所示。

图6-20　公交线路列表界面

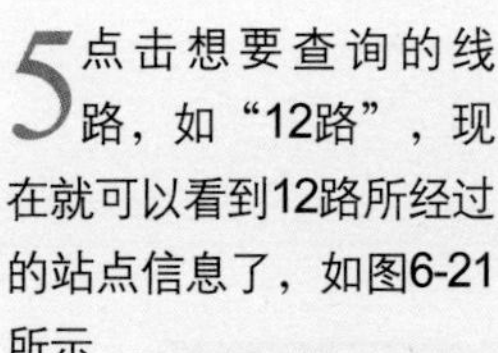

5 点击想要查询的线路，如"12路"，现在就可以看到12路所经过的站点信息了，如图6-21所示。

图6-21　"12路"界面

有时候，上行和下行所经过的站点并不相同，用户可以点击右上角的"上行"或"下行"在两个路线之间进行切换。

6 点击“公交线路”返回上一页，如果觉得列表中线路太多，可以点击“线路”搜索栏，输入要查询的线路，如“675”，即可快速定位到该线路，如图6-22所示。

图6-22 搜索公交线路

7 点击“675路”查看公交线路详细信息，如图6-23所示。

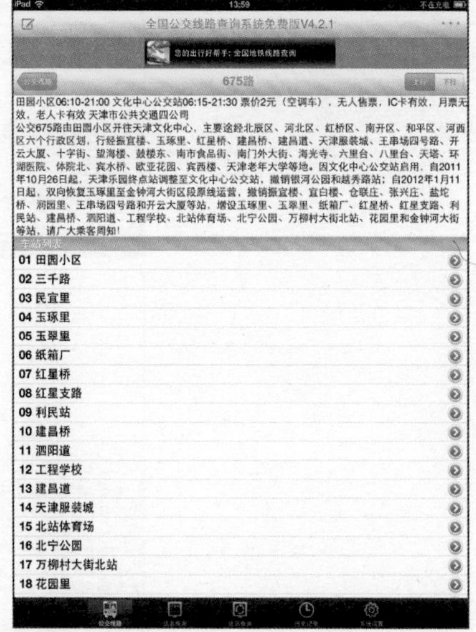

图6-23 “675路”界面

8 另外，如果只知道目的站点的名称，也可以查看有哪些线路可以到达，在界面底部点击“站名查询”，如图6-24所示，进入“站名查询”界面。

图6-24 “站名查询”界面

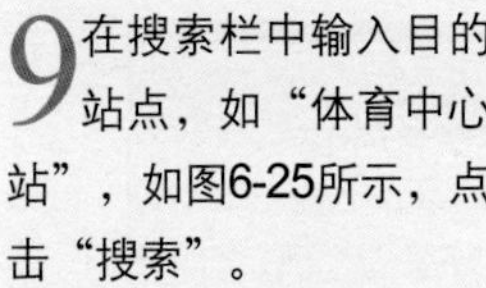

9 在搜索栏中输入目的站点，如“体育中心站”，如图6-25所示，点击“搜索”。

图6-25 “站名查询”界面

10 此时，可以看到所有的经过站点名中包含“体育中心站”字样的公交线路及其始末站，点击所需的线路条目即可看到相应的公交线路信息，如图6-26所示。

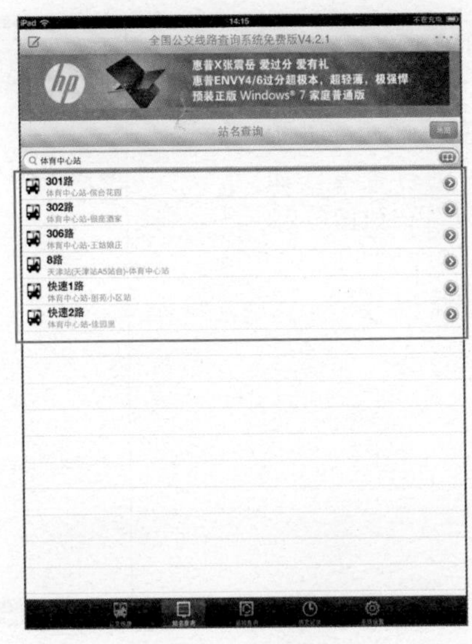

图6-26　站名查询结果

6.1.3　列车查询

当然，利用New iPad除了可以实时查询公交线路外，还可以查询列车、航班等信息，接下来为读者进行详细介绍。

在本节中，我们将介绍如何使用“盛名列车时刻”进行列车信息查询，这款软件具有站站查询、车次查询及收藏功能，便于用户快速查询列车时刻及票价信息。

1 点击New iPad主界面中的“生命列车时刻”图标，进入程序主界面，如图6-27所示，默认显示“站站查询”界面。

2 分别点击“起点站”和“目的站”，输入出发城市和到达城市，如“大连”和“北京”，点击“查询”，如图6-28所示。

图6-27　“站站查询”界面

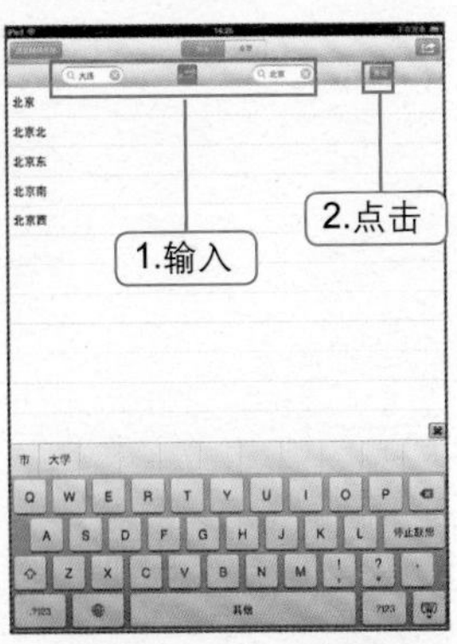

图6-28　输入始末站点

3 此时，可以看到所有从“大连”到“北京”的列车信息，点击相应条目进行查看，如“T227”，如图6-29所示。

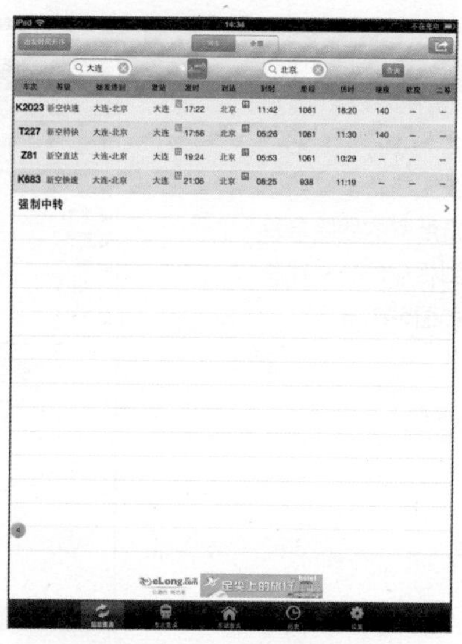

图6-29 “站站查询”结果

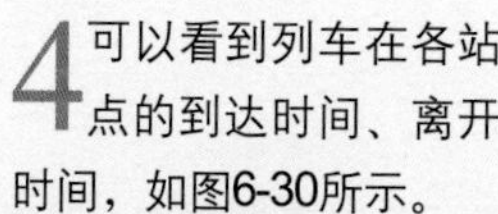

4 可以看到列车在各站点的到达时间、离开时间，如图6-30所示。

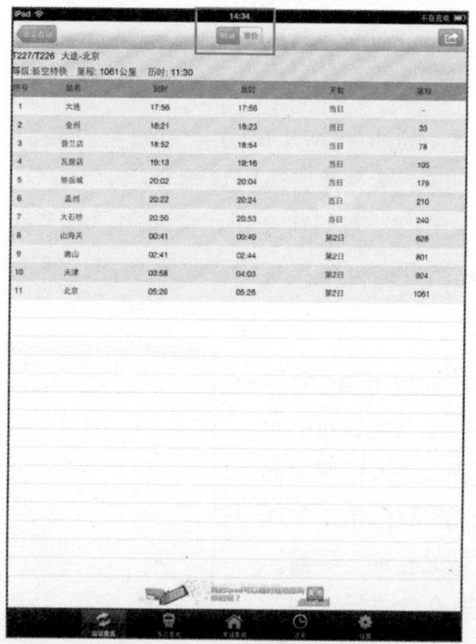

图6-30 “T227”时刻界面

点击上方“票价”选项，还可以查看硬座价格、硬卧及软卧价格。

5 通过“车站查询”，可以查询所有经过某个站点的列车信息。点击底部“车站查询”选项，输入要查询的站点，如“秦皇岛”，如图6-31所示，点击“查询”。

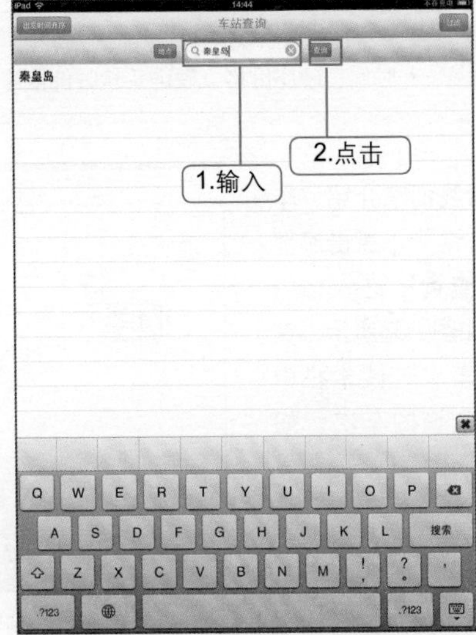

图6-31　“车站查询”界面

6 可以看到所有经过“秦皇岛”的列车信息，点击相应条目进行查看即可，如图6-32所示。

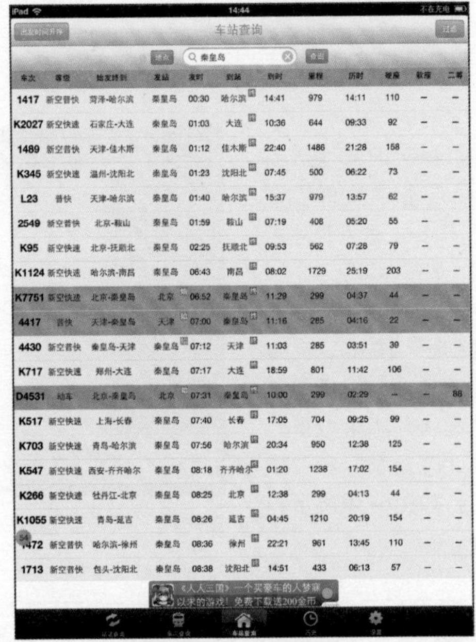

车次	等级	始发终到	发站	发时	到站	到时	里程	历时	硬座	软座	二等
1417	新空普快	菏泽-哈尔滨	秦皇岛	00:30	哈尔滨	14:41	979	14:11	110	–	–
K2027	新空快速	石家庄-大连	秦皇岛	01:03	大连	10:36	644	09:33	92	–	–
1489	新空普快	天津-佳木斯	秦皇岛	01:12	佳木斯	22:40	1486	21:28	158	–	–
K345	新空快速	温州-沈阳北	秦皇岛	01:23	沈阳北	07:45	500	06:22	73	–	–
L23	普快	天津-哈尔滨	秦皇岛	01:40	哈尔滨	15:37	979	13:57	62	–	–
2549	新空普快	北京-鞍山	秦皇岛	01:59	鞍山	07:19	408	05:20	55	–	–
K95	新空快速	北京-抚顺北	秦皇岛	02:25	抚顺北	09:53	562	07:28	79	–	–
K1124	新空快速	哈尔滨-南昌	秦皇岛	06:43	南昌	08:02	1729	25:19	203	–	–
K7751	新空快速	北京-秦皇岛	北京	06:52	秦皇岛	11:29	299	04:37	44	–	–
4417	普快	天津-秦皇岛	天津	07:00	秦皇岛	11:16	285	04:16	22	–	–
4430	新空普快	秦皇岛-天津	秦皇岛	07:12	天津	11:03	285	03:51	39	–	–
K717	新空快速	郑州-大连	秦皇岛	07:17	大连	18:59	801	11:42	106	–	–
D4531	动车	北京-秦皇岛	北京	07:31	秦皇岛	10:00	299	02:29	–	–	88
K517	新空快速	上海-长春	秦皇岛	07:40	长春	17:05	704	09:25	99	–	–
K703	新空快速	青岛-哈尔滨	秦皇岛	07:56	哈尔滨	20:34	950	12:38	125	–	–
K547	新空快速	西安-齐齐哈尔	秦皇岛	08:18	齐齐哈尔	01:20	1238	17:02	154	–	–
K266	新空快速	牡丹江-北京	秦皇岛	08:25	北京	12:38	299	04:13	44	–	–
K1055	新空快速	青岛-延吉	秦皇岛	08:26	延吉	04:45	1210	20:19	154	–	–
1472	新空普快	哈尔滨-徐州	秦皇岛	08:36	徐州	22:21	961	13:45	110	–	–
1713	新空普快	包头-沈阳北	秦皇岛	08:38	沈阳北	14:51	433	06:13	57	–	–

图6-32　车站查询结果

注意 同样，在查看列车详细信息时，可以看到列车在各站点的到达时间、离开时间、硬座价格、硬卧及软卧价格等信息。

7 下面我们来介绍“车次查询”。点击底部“车次查询”进入相应界面，如图6-33所示，在“输入车次”搜索栏中输入要查询的车次，如“K369”。

8 点击“查询”，可以看到下面已经列出了该列车，点击即可进行查看，如图6-34所示。

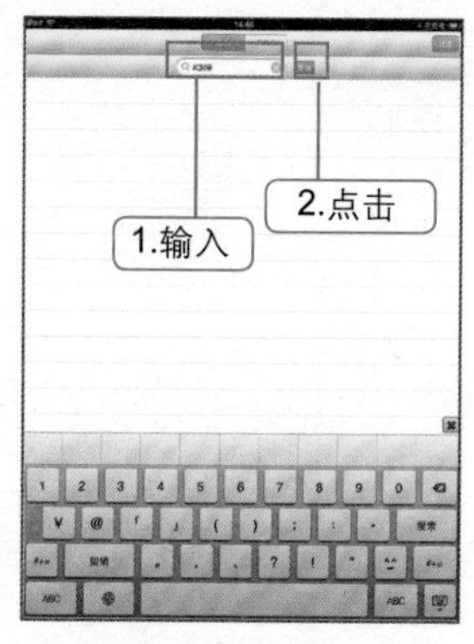

图6-33 “车次查询”界面

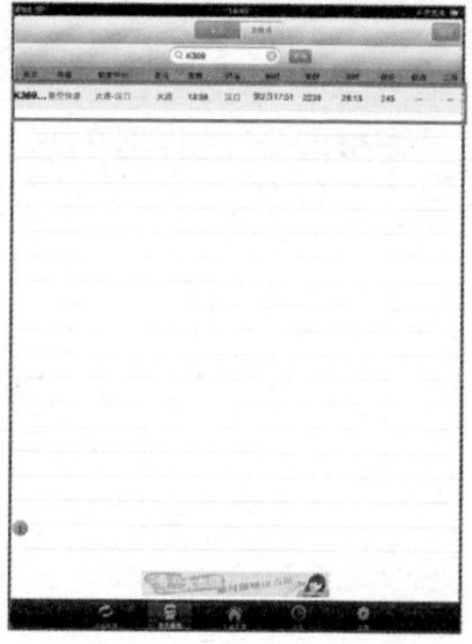
图6-34 车次查询结果

6.1.4 航班查询

想坐飞机？用“航班管家”查查航班信息吧。

1 在New iPad主界面中点击“航班管家HD”图标，进入程序主界面，如图6-35所示。

2 在此，点击“按起降地”按钮，在弹出的窗口中，选择要查询的起飞和降落城市，如“北京首都”和“广州”，如图6-36所示，点击“查询”。

图6-35 “航班管家”主界面

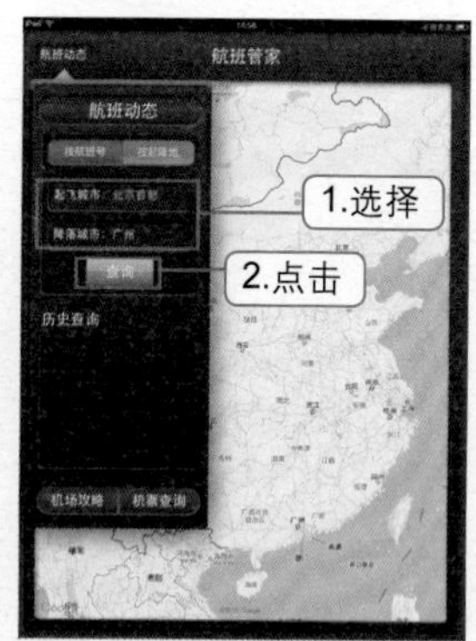

图6-36 “按起降地”查询窗口

注意 若知道航班号，可以直接在“输入航班号”搜索栏中输入航班号，并点击“查询”。

3 此时，可以看到所有从北京到广州的航班信息，包括起飞时间、到达时间和机型等，如图6-37所示。

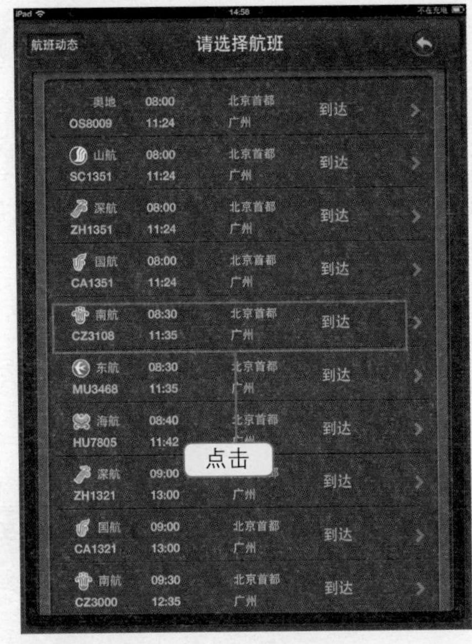

图6-37　航班查询结果

4 点击任一航班，还可以查看航班的具体信息，此时，背景画面的地图也会跳转至相应的始末城市突出显示，如图6-38所示。

图6-38　航班详细信息界面

6.2 天气预报

New iPad并不自带天气预报，不过大家也不必失望。“天气预报”这款软件，解决了New iPad自身不带天气预报这一缺陷。

该软件提供了多国家各地区及城市的天气情况，搜索某个地区或城市后，即可获得该地区详细的天气情况及其他相关信息。冷暖早知道，让工作和生活都更方便。

6.2.1 天气预报界面简介

点击主屏幕上的“天气预报”图标，进入天气预报界面，如图6-39所示。

❶ 当前城市：当输入搜索城市及地区后，即可显示出来。

❷“添加”按钮：可添加多个城市。

❸“设置”按钮：可设置气温和时间的显示方式。

❹“编辑”按钮：可调整当前城市的排序及删除已添加的城市。

❺ 显示区域：显示当前城市的温度及相关信息。

❻ 预览区域：预览未来3天的天气情况。

图6-39 “天气预报”主界面

6.2.2　如何添加预报城市

1 点击“添加”按钮，在弹出的搜索框中输入要添加的城市，如图6-40所示。点击“搜索”按钮，在列表中选择相应城市，即可完成预报城市的添加。

图6-40　搜索城市

2 在城市显示区域，点击想要显示的城市，即可切换到该城市，如图6-41所示。

图6-41　切换城市

3 点击“设置”按钮，在弹出的“设置”窗口中，可以设置气温方式及时间的显示方式，如图6-42所示。

图6-42 “设置”窗口

6.2.3 如何编辑预报城市

点击“编辑”按钮，在弹出的“编辑”窗口中，以列表模式显示出已添加的预报城市，如图6-63所示。按住选项右侧的图标，向下或向上滑动，即可调整城市的排序。

图6-43 “编辑”窗口

在“编辑”窗口中，点击城市左侧的图标，在选项右侧即可出现“删除”按钮，点击“删除”按钮，即可删除已添加的预报城市。

6.3 闹钟

尽管我们总是习惯把New iPad当成大号的iPod Touch，但New iPad就是New iPad，它上面没有内置的闹钟。

不管如何，有时候我们还是很需要这些闹钟设备来提醒我们的生活！这里为大家介绍New iPad上一款好用的闹钟软件——起床啦。让这一款软件在每天清晨唤醒你吧！

1 在New iPad主界面上点击“起床啦”图标，进入该软件主界面，如图6-44所示。

2 点击右下角的“设置”按钮，进入“设置”界面，如图6-45所示，在此，可以对显示模式、手势和其他选项等进行设置。

图6-44 “起床啦”主界面

图6-45 “设置”界面

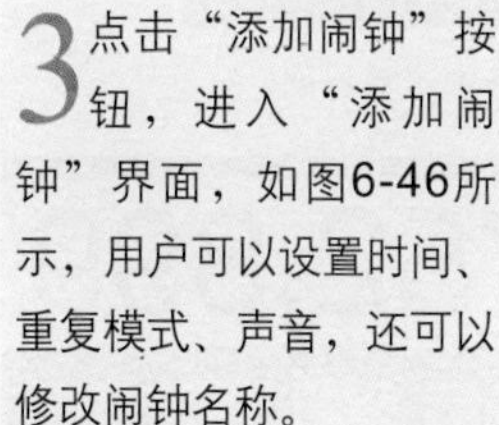

3 点击“添加闹钟”按钮，进入“添加闹钟”界面，如图6-46所示，用户可以设置时间、重复模式、声音，还可以修改闹钟名称。

4 点击“高级”，可以设置“小睡”和“音量”，如图6-47所示。

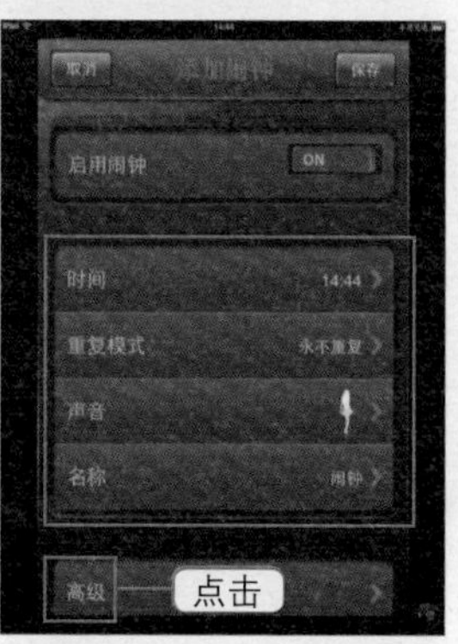

图6-46 “添加闹钟”界面

图6-47 “设置”界面

点击“闹钟编辑”返回上一页面；设置完成后，点击“保存”即可。

6.4 计算器

New iPad并不自带计算器，不过大家也不必失望，这里为大家推荐一款计算器（Tsimashenka）应用程序，它不仅可以像普通手机一样进行简单的四则运算，而且还可以进行科学计算。因此很好解决了New iPad自身不带计算器这一缺陷。

1 在New iPad主界面上点击“计算器”图标，进入“Tsimashenka”计算器主界面，如图6-48所示，就像使用标准计算器一样，在“计算器”中轻按数字、加、减、乘和除按钮。

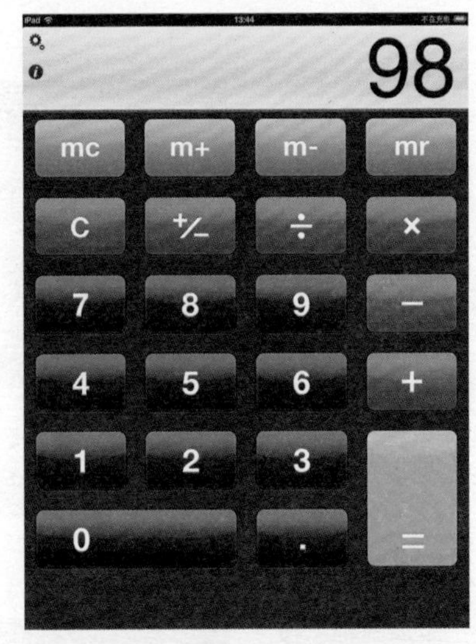

图6-48　计算器基本运算界面

2 将New iPad旋转90°，以横屏方式即可进行科学计算，如图6-49所示。

图6-49　计算器科学运算界面

6.5　指南针

假设您到了一个偏僻的地方，发现迷路了，周围连一个人也没有，该如何走出困境，找到回家的路？Compass是个简单易用的软件，使用它可以很方便地辨别方向。

1 在New iPad主界面上点击“Compass HD”图标，进入Compass页面，当所处位置有电磁干扰时，软件上会给出提示，请远离干扰源使用，如图6-50所示。

图6-50 “Compass”主界面

2 点击右上角的“设置”按钮，在弹出的下拉菜单中，可以设置北极显示方式为真北（True North）或磁北（Magnetic North），如图6-51所示。

图6-51 “新提醒”窗口

该软件方便实用，出门不再怕分不清方向啦！当然，出门前记得给New iPad充满电！

点击右上角左侧的按钮，还可以打开新的页面，从中可以下载到该软件的开发商所推荐的其他实用软件，大家不妨一试。

6.6 酒店达人

New iPad中的“酒店达人”应用程序功能十分强大，可以搜索海内外各城市中的酒店，了解其酒店的详细信息，并可根据需要预定合适的酒店，其操作简单易学。

1 点击主屏幕上的“酒店达人HD”图标，进入酒店达人界面，如图6-52所示。左侧区域为搜索酒店的查询条件，在搜索框中，可输入关键词进行搜索，中间区域为地图，右侧区域为相关信息按钮。

图6-52 “酒店达人”主界面

2 点击左侧区域上面部分的“目的城市”选项，在弹出的列表中选择目的城市，或者直接输入关键词进行搜索，如图6-53所示。

图6-53 “目的城市”列表

点击右侧区域中的第一个图标，在弹出的“登录”窗口中输入用户名和密码，再点击“登录”按钮即可。如果用户还没有注册酒店达人的账号，则点击窗口右上角的“注册”按钮，然后根据提示进行注册即可。

3 点击左侧区域上面部分的“入住日期”选项，在弹出的窗口中选择要入住的日期，然后点击“完成”按钮，完成入住日期的选择，如图6-54所示。

图6-54　“拖动选择日期”窗口

4 点击“酒店名称”右侧的文本框，利用智能键盘输入酒店的名称或关键词。之后，在左侧区域下面部分，会显示出与关键词相关的酒店以供选择，如图6-55所示。

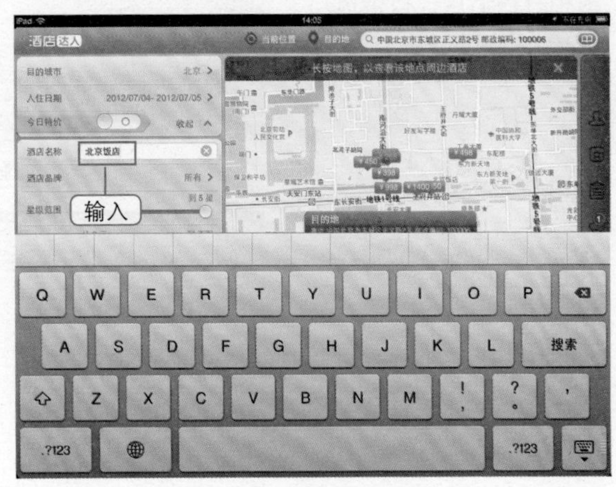

图6-55　输入酒店名称

5 点击左侧区域中间部分的“酒店品牌”选项，在弹出的窗口中选择酒店的品牌，点击“完成”按钮即可完成酒店品牌的选择，如图6-56所示。

图6-56 “选择酒店品牌”窗口

6 滑动左侧区域中间部分“星级范围”右侧的圆圈滑块，以设定酒店的星级范围，之后，在左侧区域下面部分，会显示出与设定的星级范围相符的酒店，以供选择，如图6-57所示。

图6-57 选择“星级范围”

7 滑动左侧区域中间部分“价格范围”右侧的圆圈滑块，以设定酒店的价格范围，然后，再选择合适的酒店，如图6-58所示。

图6-58 选择“价格范围”

8 滑动左侧区域中间部分“距离范围”右侧的圆圈滑块，以设定酒店离目的地的范围，然后，再选择合适的酒店，如图6-59所示。

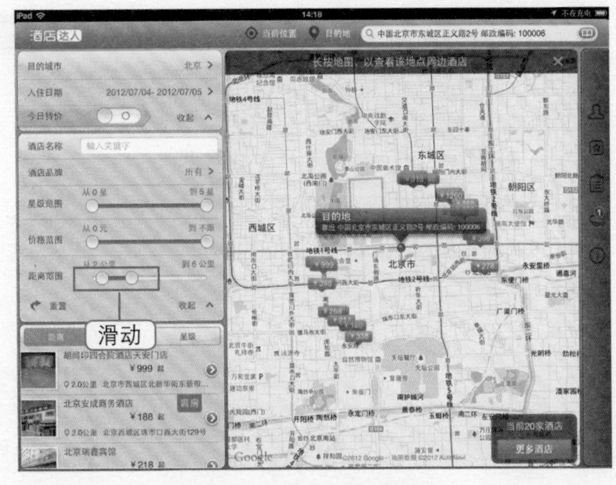

图6-59　选择“距离范围”

距离范围是指目的地至酒店的距离，因此，在设置距离范围之前，要先搜索框中输入目的地。

9 选择一家满意的酒店，点击右侧的箭头图标，弹出酒店的详细介绍页面，然后点击“添加到收藏”按钮，即可将该酒店收藏，如图6-60所示。

图6-60　酒店详细介绍界面

10 在打开的酒店详细介绍页面中选择合适的房型，弹出订单页面，根据提示填写订单，然后点击“提交”按钮，完成酒店的预定，如图6-61所示。

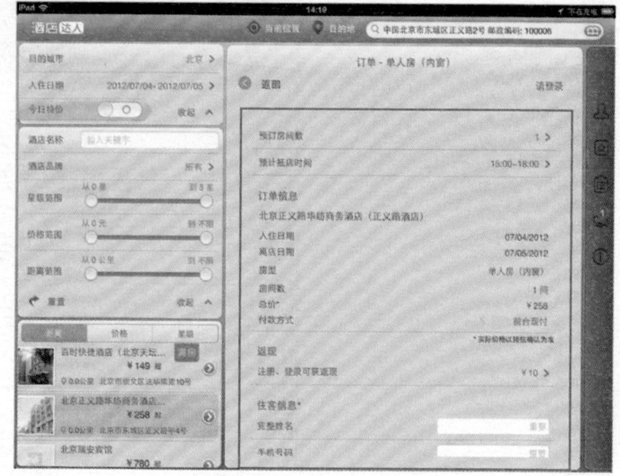

图6-61　订单填写界面

6.7　提醒专家

New iPad中的“提醒专家”是一款十分便捷的应用程序，它能帮助我们提醒在日常生活中可能会忘记的某些看起来小，但却非常重要的事情。

1 点击主屏幕上的“提醒专家”图标，进入提醒专家界面，如图6-62所示，此时的主界面没有任何提醒，只是在左侧的日期中显示了当前的日期。

图6-62　“提醒专家”主界面

2 点击“添加”按钮，在弹出的“新提醒”窗口中输入要提醒的内容，然后设置提醒的时间、铃声及相关内容，如图6-63所示。

图6-63　“新提醒”窗口

3 设置完成后，点击窗口右上角的“存储”按钮，即可保存该提醒。返回主界面，即可看到刚设置的未完成的提醒，如图6-64所示。

图6-64　未完成的提醒

读书笔记

第7章

New iPad办公商务通

自iPad问世以来，越来越多的白领对它爱不释手，这不得不归功于其强大的办公能力。New iPad继承了iPad家族的这一优势，让那些整天被办公琐事缠身的白领们，可以方便简单地处理事务。

7.1 联系人管理

现代人每天接触形形色色的人，经常需要不停地记录新的名字、电话、手机号、邮箱地址和QQ等信息，可见一份有效的通讯录是多么重要！既然出门总是带着轻薄的New iPad，何不在它里面存放一份经常使用的通讯录呢？

7.1.1 如何添加联系人

New iPad为用户提供了通讯录功能，而一个个手动输入很是麻烦，毕竟我们在邮箱或者手机里都已经有比较完备的通讯录了，那能不能把现成的通讯录直接拿来呢？没问题，通过iTunes就可以实现。

1 把New iPad连接到电脑上，打开iTunes，然后点击左侧“设备”中的New iPad，点击界面上方的“信息”选项卡，如图7-1所示。

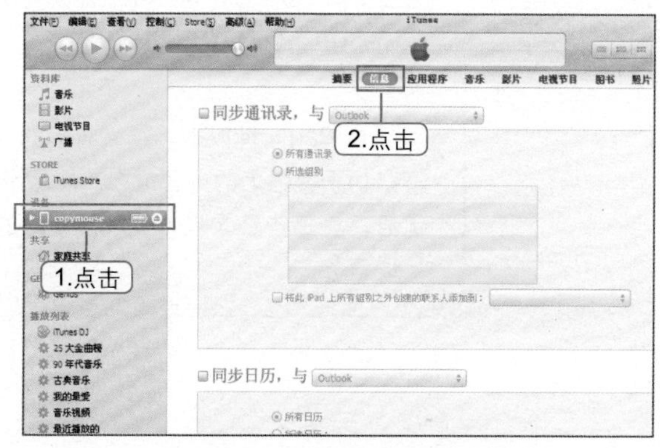

图7-1 iTunes“信息”界面

2 选中“同步通讯录”，点击右侧的下拉菜单，有四个选项可供选择，分别为：Outlook、Google Contacts、Windows Contacts以及Yahoo! Address Book。这里我们选择Outlook来进行示范，如图7-2所示。

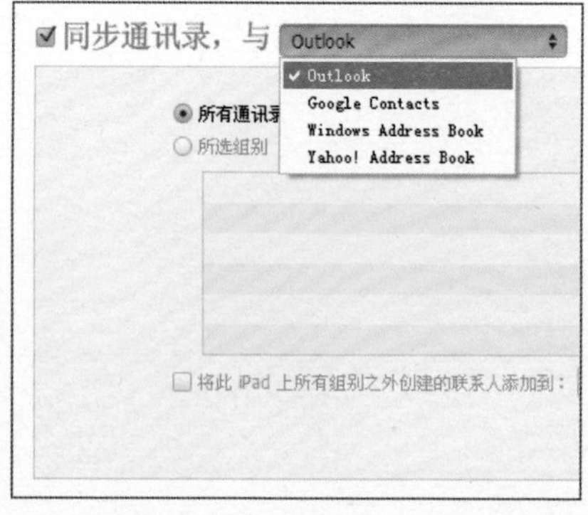

图7-2 “同步通讯录”选项

3 假设在同步之前Outlook中已经有三个联系人，如图7-3所示。

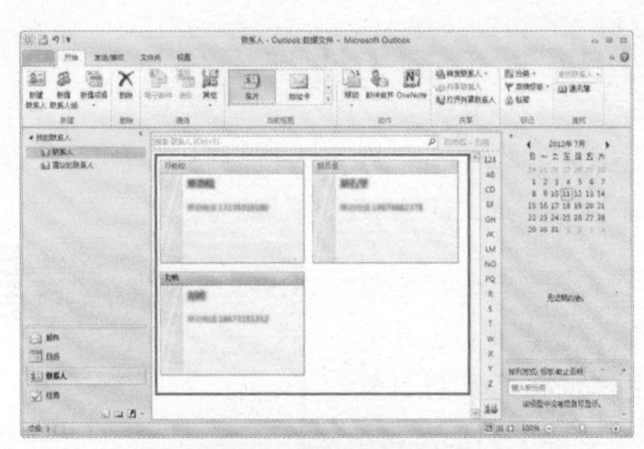

图7-3　Outlook中的联系人

4 在iTunes中点击“应用”按钮，同步之后，Outlook中的通讯录就完整地复制到New iPad中了，可以在New iPad的“通讯录”中进行查看，如图7-4所示。

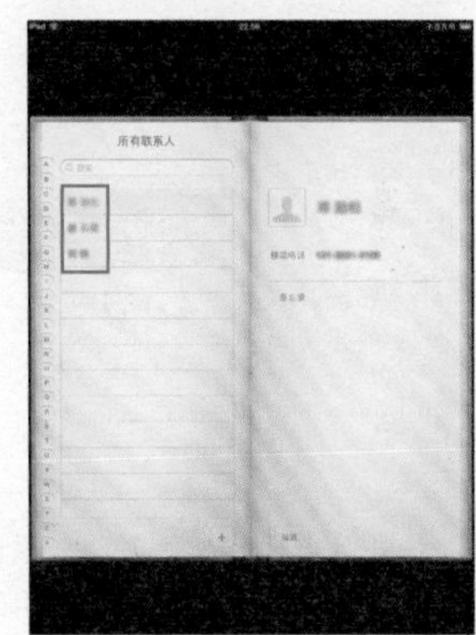

图7-4　“通讯录”界面

7.1.2　怎样搜索联系人

如何在众多的联系人中搜索到好友的联系方式呢？方法如下：

1 在New iPad主界面点击“通讯录”的图标，如图7-5所示，进入通讯录界面。

2 在搜索栏中点击，弹出屏幕键盘之后，输入要搜索的人的姓名即可，如图7-6所示。

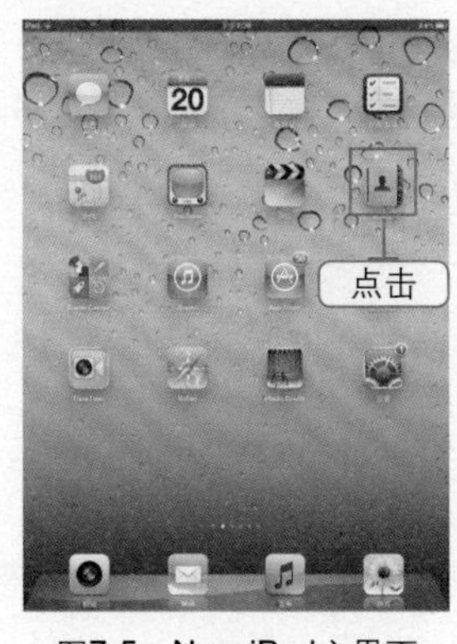

图7-5　New iPad主界面

图7-6　搜索联系人

7.1.3 对联系人进行操作

New iPad中有了联系人以后吗，就可以在通讯录应用程序中对联系人进行操作。

1 在左侧选择一个联系人，在右侧点击并按住姓名可将其复制到剪贴板，如图7-7所示。同时，点击“备忘录”右侧，可添加更多信息而无需进入编辑模式。

2 点击“编辑”按钮，进入编辑模式，如图7-8所示。在编辑模式下所提供的功能与输入联系人的功能相同。

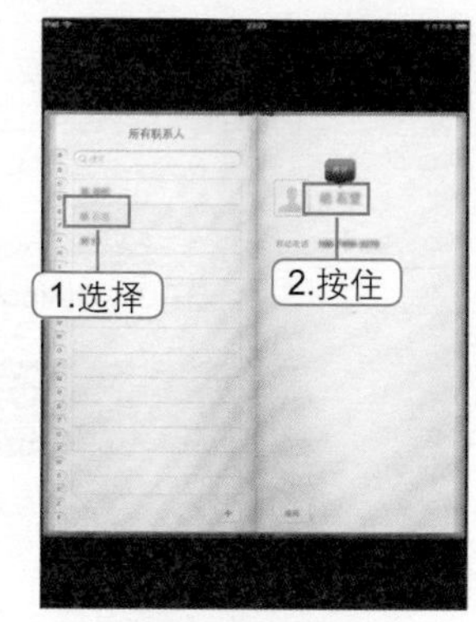

图7-7 复制联系人

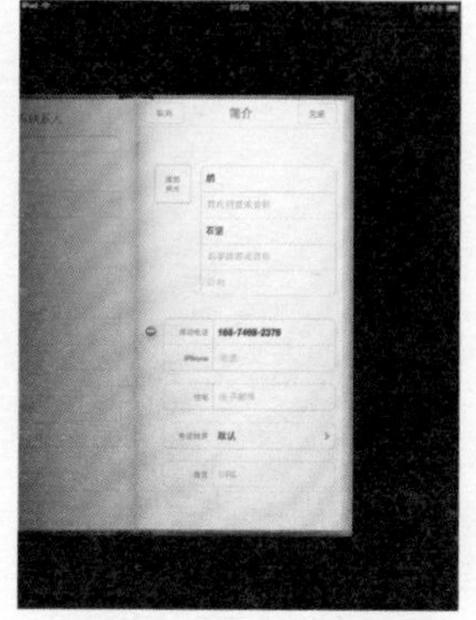

图7-8 联系人编辑模式

此外，点击并按住电话号码也可将其复制到剪贴板。想通过短信发送联系人的姓名和电话等信息时无须手动输入了，只需复制、粘贴就可以了。

7.2 我的日程表

有了携带极其方便的New iPad，何不把包包里的课程表和行程册统统扔掉？一个小小的New iPad很容易就可以把这些全都收进去了，而且更加智能，更加方便。下面就来一起把课程和活动安排都制作成一个实用的日程表吧！

7.2.1 添加、修改和删除事件

先来学习一下如何添加、修改和删除事件。

添加一个活动项目

New iPad自带的日历很清晰吗，我们可以很方便地在上面进行添加、修改和删除。日历有按照日、周、月和列表而分成的不同的视图模式，下面我们就来看一下如何添加一个项目吧。

1 在主界面点击“日历”的图标，进入日历界面。在出现的主界面中，通过页面左上角的“日历”可以设置是否隐藏日历，如图7-9所示。

2 在界面右上角的搜索栏里可以输入事件名称，搜索已经添加的事件，如图7-10所示。

3 点击界面右下角的“+”按钮，可以添加事件，如图7-11所示。

4 进入添加事件页面后可以输入事件标题和位置，设置开始与结束事件，还可设置是否重复事件，或是否开启提示功能，如图7-12所示，编辑完成后点击“完成”即可添加事件。

5 以“周”的方式显示，可以看到添加好的事件在日历列表中显示出来了，如图7-13所示。

图7-9 “显示日历”窗口

图7-10 搜索已添加事件

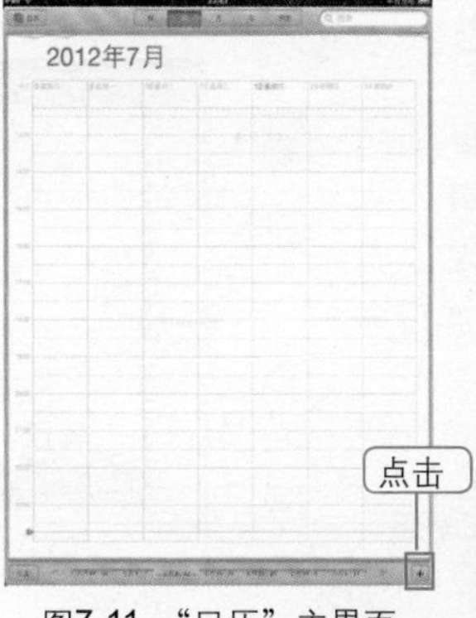

图7-11 “日历”主界面

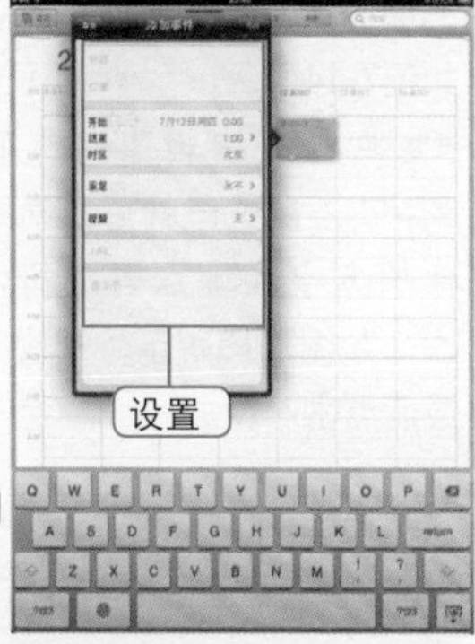

图7-12 “添加事件”窗口

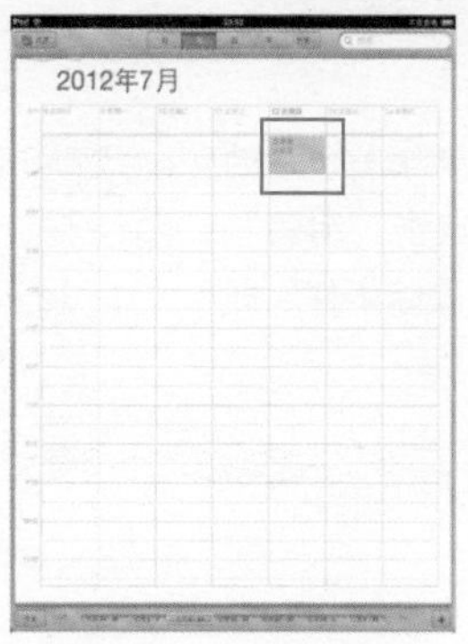

图7-13 添加的新事件

页面上面“日、周、月、年和列表”处可以切换不同的显示方式；最下方的日历处，可以选择日期。

修改和删除一个活动项目

添加完项目之后，我们该怎么修改或删除它呢？

1 我们可以对添加完成的事件进行修改，以“周”显示为例，在“周”显示列表中点击刚刚创建好的事件“交作业”，在出现的编辑条里点击“编辑”，如图7-14所示。

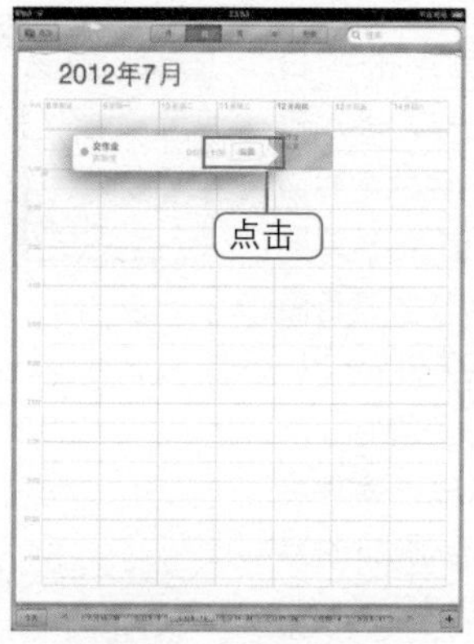

图7-14　事件编辑条

2 弹出“编辑事件”窗口，在这里就可以对事件的名字和地点等进行修改，如图7-15所示，修改完成后点击“完成”。

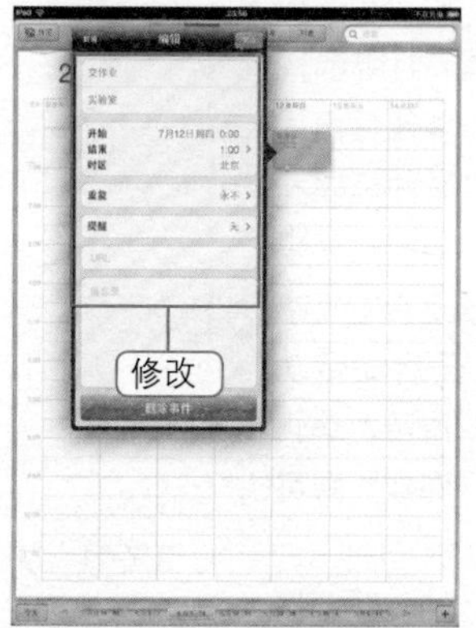

图7-15　“编辑”窗口

3 如果想要删除一个活动项目，就点击“编辑”窗口下方的“删除事件”即可，如图7-16所示。

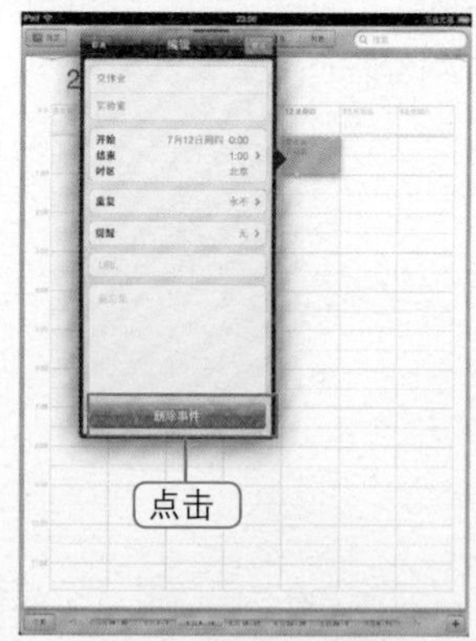

图7-16　“编辑”窗口

7.2.2　日视图

在7.2.1小节的“添加一个活动项目”的第3步中点击“日”，将视图切换为日视图，日视图分成相等的两个部分：一天中安排好时间的时间列表，每半小时一个时间块滚动区域，如图7-17所示。

图7-17　“日”视图

点击和拖曳右侧区域，在一天内上下移动，如果有全天事件，则这一区域的上面是全事件的空间；右上角的月日历使用户可以跳转到时间表的另一天，只需点击相应日期即可；也可以点击并滑动屏幕底部的日期条来选择具体日期；点击月份的缩写跳转到上个月或下个月；点击屏幕底部的箭头可以一次移动一天；点击“今天”按钮，可以进入今天的时间表。

7.2.3　周视图

在7.2.1节的“添加一个活动项目”的第3步中点击“周”，将视图切换为周视图，周视图是栅格型的，它按星期日到星期六的顺序显示当前周的项目，如图7-18所示。

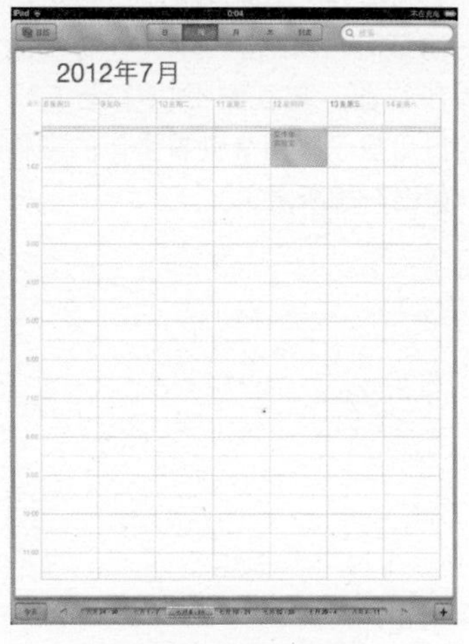

图7-18　“周”视图

每个事件显示在栅格中，可点击一个事件，查看其完整的标题、位置和时间；当前日期的名字以蓝色显示在屏幕顶部；使用屏幕底部的条可以导航到以前或者以后的几周。

7.2.4 月视图

在7.2.1小节的“添加一个活动项目”的第3步中点击“月”，将视图切换为月视图，月视图提供了事件的大范围视图。月视图仍然是栅格型的，但在传统的月视图中，上月和下月的日子是在额外的方块中的，如图7-19所示。

每个方块中都列出了当天安排好时间的事件，可以点击一个事件获得更多信息或进行编辑；屏幕底部变为月时间条，也列出了去年和明年，这样就可以从一年跳转到另一年。

图7-19 “月”视图

7.2.5 年视图

在7.2.1小节的“添加一个活动项目”的第3步中点击“年”，将视图切换为年视图，年视图提供了全年12个月的日历显示，用来查看全年的事件热点，如图7-20所示。

图7-20 “年”视图

7.2.6　调出列表视图

在7.2.1小节的“添加一个活动项目”的第3步中点击“列表”，将视图切换为列表视图，列表视图是个有趣的组合，如图7-21所示。

在左侧列出了所有的事件，而不只是当天的事件。如果想要看将来会有什么事，可以进行上下滚动；右侧是像日视图一样的日时间线，但不是月历，而是当前所选时间的信息。

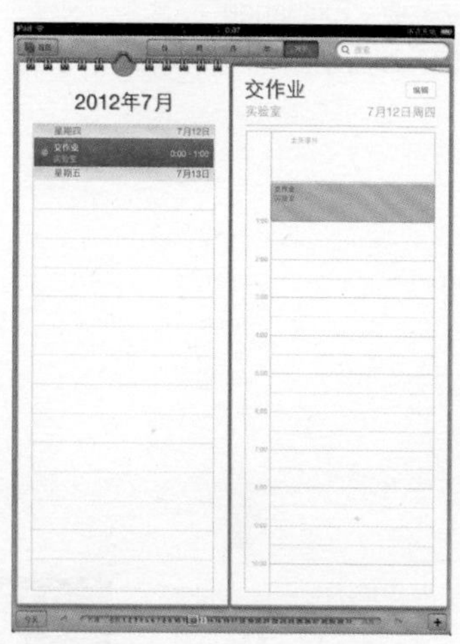

图7-21　“列表”视图

7.2.7　Google日历

我们已经掌握了如何在New iPad上做一个日程表，那能不能直接把设置好的Google日历原封不动地搬到New iPad上呢？的确，Google日历的设置跟New iPad基本上是一样的，而且它设计的人性化让人一目了然。下面就开始介绍把Google日历搬到New iPad上的方法。

1 点击主界面上的“设置”图标，进入设置页面，选择左侧的“邮件、通讯录、日历”选项，点击右侧的“添加账户”，如图7-22所示。

图7-22　“邮件、通讯录、日历”选项

2 在出现的界面中选择第一项“Exchange”，如图7-23所示。

图7-23 “添加账户”选项

3 弹出Exchange编辑页面，在“电子邮件”中输入“Calendar”，“域”可以不填，“用户名”和“密码”填入自己的Gmail邮箱的用户名和密码，如图7-24所示。

4 填好之后点击右上角的“下一步”，在“服务器”项目中填写“m.google.com”，如图7-25所示。

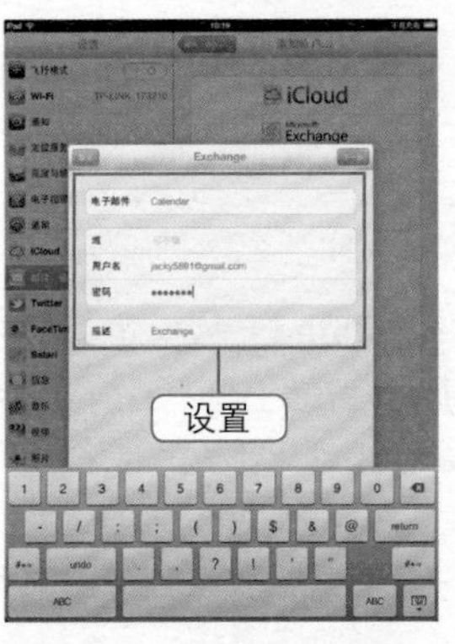

图7-24 “Exchange”编辑窗口

图7-25 “Exchange”编辑窗口

5 输入完成后，点击“下一步”，在出现的界面中，滑动滑块打开“日历”，如图7-26所示。点击“存储”，稍等片刻，Google上的日历就搬到了New iPad上了，如果New iPad日历中原先就有日程安排，可以选择合并日程。

图7-26 “Exchange”编辑窗口

7.3　随时收发E-mail

现在有了New iPad，我们就可以随时随地收发邮件了，实在太方便了！使用前需要进行一些配置。

7.3.1　如何设置自己的E-mail

1 在New iPad主界面上，点击“设置”图标，点击界面左侧的“邮件、通讯录、日历”，点击右侧的“添加账户”，如图7-27所示。

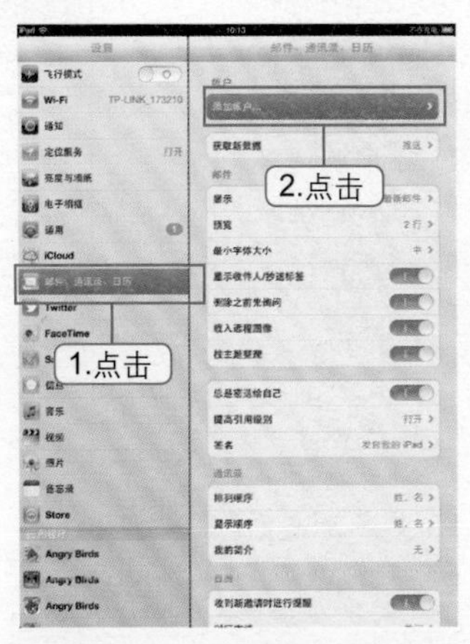

图7-27　“邮件、通讯录、日历”选项

2 以Gmail为例，点击“Gmail”，进入Gmail设置界面，输入邮箱地址等，如图7-28所示。输入完成后，点击“下一步”，即可完成账户的添加。

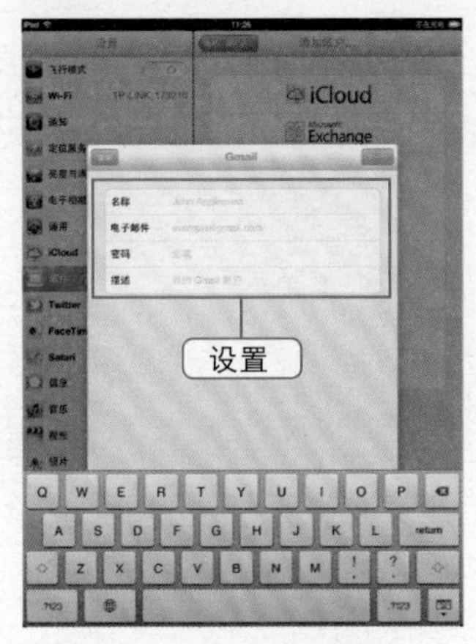

图7-28　“Gmail”编辑窗口

如果有Microsoft Exchange、mobileme以及Gmail等账户，点击相应的按钮；如果工作、Internet提供商专用POP或IMAP账户，点击“其他”。

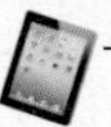

7.3.2 如何使用E-mail

1 点击主界面的“Mail”图标，点击页面左上角的“收件箱”，可以打开自己的邮箱，如图7-29所示。下面介绍页面右上角几个按钮的功能，从左至右分别为：将邮件分类，归档邮件、转发或回复邮件，创建新邮件。

图7-29 “邮箱”选项

2 点击“邮箱”中的收件箱，在收件箱中可以查看自己所有的邮件，点击“编辑”，如图7-30所示。

图7-30 “收件箱”选项

3 点击邮件前面的按钮，点击“归档”或“移动”可以将邮件进行归档或移动，如图7-31所示。

图7-31 “收件箱”编辑选项

4 点击邮箱界面右上方的“创建新邮件”按钮，在“新邮件”页面，点击“+”可以从地址簿中添加收件人地址，也可以直接填写收件人地址，如图7-32所示。

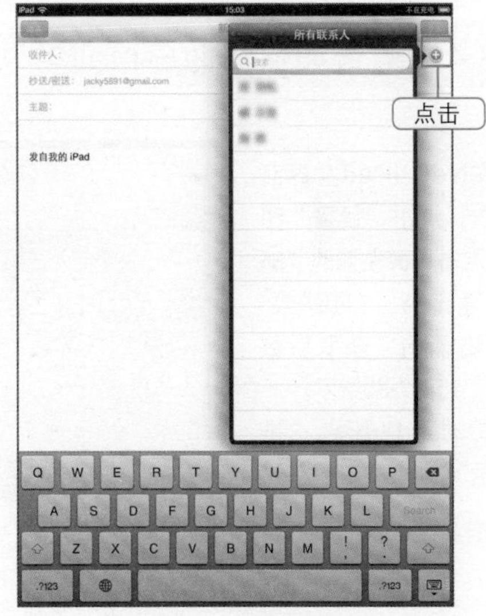

图7-32 “收件箱”选项

点击空白处，出现虚拟键盘，可以书写邮件内容；编写完成后点击“发送”即可发送邮件。

7.3.3 创建签名

想在每一封邮件上都打上自己的标记？快来设置你的邮件签名吧！

1 在New iPad主界面上，点击“设置”图标，点击界面左侧的“邮件、通讯录、日历”，点击右侧的“签名”，如图7-33所示。

2 通过虚拟键盘，可以在文本框中输入签名并进行设置，如图7-34所示。

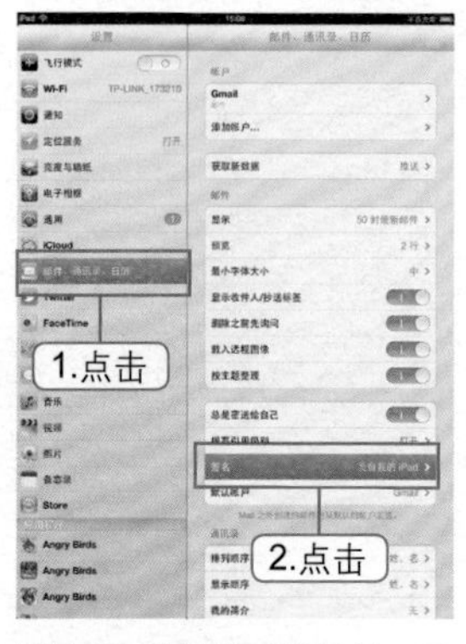

图7-33 “邮件、通讯录、日历”选项

图7-34 “签名”设置选项

7.3.4 配置如何接收E-mail

1 在New iPad主界面上，点击“设置”图标，点击界面左侧的“邮件、通讯录、日历”，点击右侧的“获取新数据”，如图7-35所示。

2 滑动滑块开启“推送”功能，如图7-36所示。

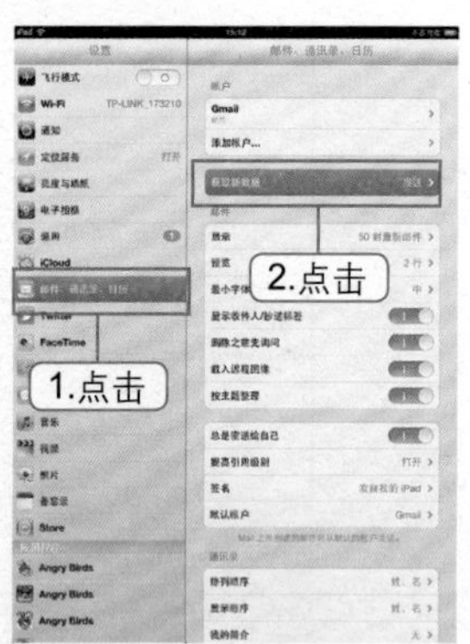

图7-35 “邮件、通讯录、日历”选项

图7-36 “获取新数据”选项

如果关闭了“推送”功能，则可以选择接收邮件的频率，也可以选择“手动”接收。

7.4 我的备忘录

当想记录些东西的时候，再也不用到处找纸和笔了，New iPad就可以轻松解决。

7.4.1 自带备忘录

New iPad内置了一个备忘录，可以用打字的方法记录事情，下面就介绍一下它的功能吧。

1 在New iPad主界面上，点击“备忘录”图标，点击右上角的“+”可以添加备忘事件，如图7-37所示。

2 在屏幕左上方的“备忘录”按钮，将弹出备忘列表，选择想要修改的事件，可以在屏幕右侧查看已有的备忘录，点击文本即可对原有事件进行修改，如图7-38所示。

图7-37 “备忘录”主界面

图7-38 “备忘录”窗口

注意：点击屏幕左侧想要删除的备忘录事件，点击右侧文本下方的“删除”按钮，即可删除该备忘事件。

7.4.2 其他备忘录软件推荐

New iPad自带的备忘录功能不多，下面就为大家介绍两款时尚又好用的第三方备忘录软件。

乐顺备忘录

英文名字为Awesome Note，它是一款可更换主题的出色记事本工具，它独特的分类功能可以将一个个凌乱的记事分别放到不同颜色和不同类别的文件夹中，不仅十分美观，而且方便用户查看和寻找记事，如图7-39所示。

除此之外，Awesome Note还提供了更方便的速记便签功能，可以快速记录某些不方便分类的小事，在很多使用细节上的考虑相当周全。该软件可以在iTunes中进行购买，安装成功后即可使用。

图7-39 “乐顺备忘录”主界面

语音备忘录

New iPad还可以实现语音备忘，只要安装一款软件即可。Voice Memos是专门为New iPad量身制作的语音备忘录，可以在iTunes中获得它，此软件也是需要收费的，购买并安装成功之后即可使用，如图7-40所示。其使用方法十分简单，在此不再叙述。

图7-40 “语音备忘录”主界面

7.5 使用Pages书写

New iPad的Pages将Multi-Touch的简便与强大的书写，完美的排版工具结合在一起。仅用手指就可以创建所有类型的文档，包括海报、简讯、报告、手册和传单。在宽大亮丽的New iPad屏幕上，文字显示锐利清晰，易于阅读。

此外，使用便捷的页面浏览器，可以轻松滚动并浏览整个文件的缩略图，快速跳转至要去的任何页面。

7.5.1 初识Pages

下面先了解一下Pages的基本界面。

1 在桌面上点击“Pages”图标，在Pages主页面，可以看到自己目前所有的文稿数目，点击右上角的“编辑”按钮，进入编辑模式，如图7-41所示。

2 选择已经内置的“使用入门”文档，左上方的三个按钮变为可选，如图7-42所示。

3 例如，点击最左侧的“发送”按钮，在弹出的菜单中Pages提供了多种共享方式，以转发电子邮件为例，在“共享方式”下选择“电子邮件”选项，如图7-43所示。

4 弹出“用电子邮件发送文稿”窗口，在此可以选择发送文稿的格式。例如，选择“PDF”格式，这样发送的文稿就是PDF格式的文件，如图7-44所示。

5 在“使用入门”页面，输入收件人的邮箱地址，点击“附件”下方的空白处，会弹出虚拟键盘，在此可以输入邮件内容，如图7-45所示。邮件编辑完成后，点击右上角的“发送”。

6 若暂时不想发送编辑的邮件，可以点击页面右上角的“取消”，在“取消”的下拉选项中，可以选择“删除草稿”或“存储草稿”，如图7-46所示。

图7-41 “Pages”主界面

图7-42 “备忘录”窗口

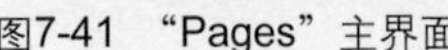

页面左上方三个按钮的功能，从左至右依次为：通过电子邮件等方式发送文稿或从iTunes或iDisk等处复制文稿，新建或复制文稿，删除文稿。

图7-43 “发送”设置选项

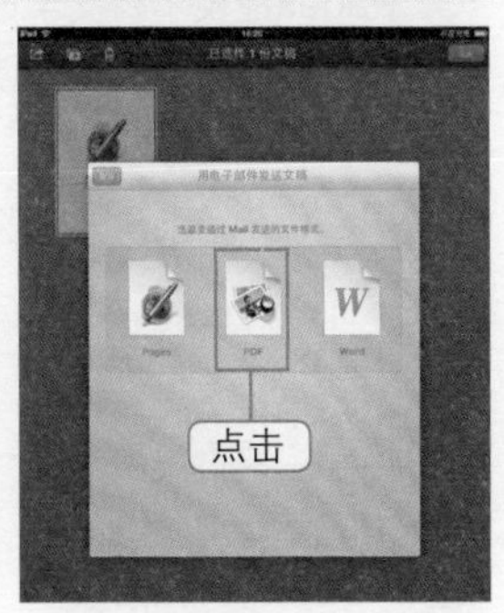

图7-44 “用电子邮件发送文稿”窗口

图7-45 “使用入门”页面

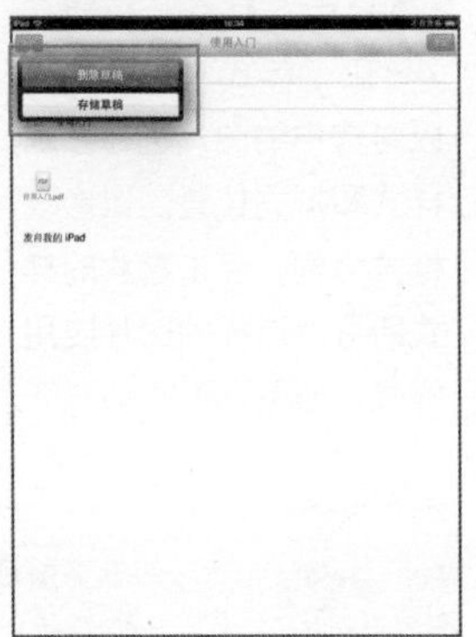

图7-46 “使用入门”页面

7点击在Pages主页面右上角的“+”按钮，即可新建文稿，如图7-47所示。

8选择“创建文稿”后，将进入“选取模板”界面，点击一个模板，以选用该模板，如图7-48所示。

图7-47　创建新文稿

图7-48　“选取模板”界面

7.5.2　Pages基本操作

Pages提供了对文字或图片的多种操作功能，可以应用样式和插入对象等。下面就看一下这些功能是如何实现的。

1添加完文稿模板后，就可以对模板进行编辑，将其设置成自己喜欢的样式了，点击模板中的一个对象进行选择，在此选择一幅图片，如图7-49所示。

2点击“样式”按钮，在“样式”列表里可以对选中的图片进行修改样式和排列位置。以修改样式为例，点击喜欢的样式即可对选择的图片应用样式，如图7-50所示。

图7-49　“可视化报告”编辑界面

图7-50　“样式”设置选项

如果之前选中的对象是一段文字，则“样式”列表里将显示文字的各种样式，犹如在Word中编辑文字一样方便。

3 在文稿上的任意空白位置点击，即可弹出类似Word中的格式工具栏，通过下面的虚拟键盘即可在光标所在位置输入文字，如图7-51所示。

4 选中之前输入的文字，即可应用上面的格式工具栏中的工具对文字进行编辑，除此之外，屏幕上还会出现“剪切”、“拷贝”、“替换”和“样式”等选项，此操作完全可以像在Word文档中一样对文字进行编辑，如图7-52所示。

5 Pages提供了很多可以直接套用的表格图标等。点击右上角的“插入”按钮，在此有“媒体”、“表格”、“图表”和“形状”四个选项，点击它即可在其中选择项目进行插入。插入完成后，还可以对插入的对象进行编辑，如图7-53所示。

6 点击右上角的“工具”按钮，在此可以对文稿进行“共享与打印”、“查找”和“设置”等操作，如图7-54所示。

图7-51　“可视化报告”编辑界面

图7-52　文字编辑选项

图7-53　“插入”设置选项

图7-54　“工具”设置选项

8 点击“工具”选项栏中的“文稿设置”，在“文稿设置”页面点击文稿上方，设置页眉和页脚，如图7-55所示，拖动文稿四周的三角，设置页边距。

9 点击“工具”选项中的“设置”选项，在“设置”窗口中可以设置“检查拼写”、“字数统计”、“中间参考线”、“边缘参考线”和“间隔参考线”等几个功能是否需要开启，滑动滑块即可进行设置，如图7-56所示。

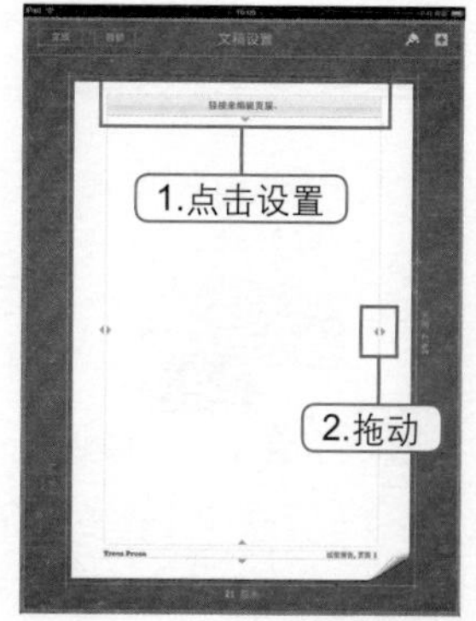

图7-55 “文稿设置”界面

图7-56 “设置”选项

在设置页面的过程中，如果出现错误，点击“撤销”即可恢复到上一步的操作；文本页面格式设置完成后，点击“完成”。

10 点击“工具”选项中的“共享与打印”按钮，在“打印机选项”栏里点击“打印”即可进行打印（须将New iPad与打印机相连），如图7-57所示。

11 点击“工具”选项栏中的“查找”，在搜索栏中输入要查找的内容，搜索结果在页面中呈高亮显示，如图7-58所示。点击搜索栏右边的“箭头”，可以查找上一处或下一处。

图7-57 “共享与打印”设置选项

图7-58 “查找”界面

在如图7-41所示的“Pages”主页面，点击任一文稿即可查看该文稿，打开该文稿之后，就可以应用上面所介绍的方法对文稿进行编辑。

7.6　使用Numbers制作电子表格

Numbers是专为New iPad和Multi-Touch设计的强大的电子表格应用程序。点击几下，就可以制作表格和图表、添加照片和图形以及录入并编辑数据了。

Numbers不仅仅是电子表格应用程序，它还提供了自由灵活的工作空间。这意味着用户能够在任何地方添加多个表格和图表，并随意移动它们的位置。

7.6.1　初识Numbers

1 点击左面上的Numbers图标，第一次进入Numbers，会直接打开Numbers的“使用入门”教程，切换选项卡，可以查看不同的使用方法，如图7-59所示。

2 点击页面左上角的“电子表格”，在“Numbers”页面，可以看到目前所有的电子表格，如图7-60所示，“编辑”按钮与Pages的使用方法一样。

3 点击页面右上角的“+”新建电子表格，在弹出的菜单中选择“创建电子表格”选项，如图7-61所示。

4 在“选取模板”界面，点击选择一个模板，如图7-62所示。

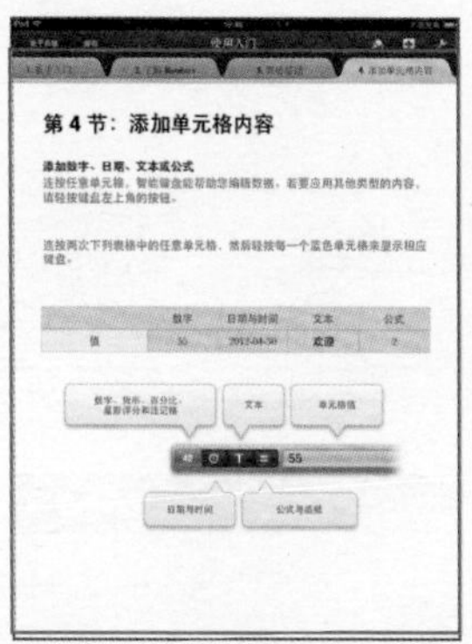

图7-59　“使用入门”界面

图7-60　“Numbers”页面

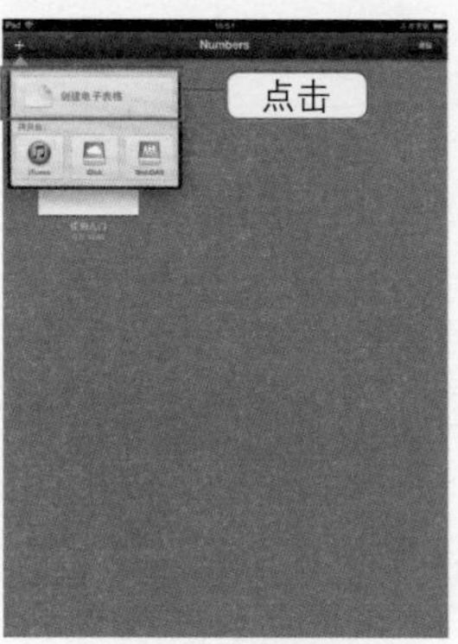

图7-61　创建新表格

图7-62　“选取模板”界面

页面右上方的按钮的使用方法与Pages中的使用方法一样，可以像在Pages中一样对Numbers表格进行操作。

5 点击“贷款比较”页面中的“+”选项卡，在新建下拉列表里可以选择“新建工作表”和“新建表单”，点击“新建表单”，如图7-63所示。

6 在此可以选择表格，点击“贷款比较”可以自动插入“贷款比较”模板的表单，如图7-64所示。

7 在打开的贷款比较表单中，页面下方的按钮功能，从左至右依次为：向前翻页，查看前面一页的表单；新建空白的“贷款表单”；删除当前打开的表单；向后翻页，查看后面一页的表单，如图7-65所示。

8 如果想删除多余的表单，点击需要删除的表单，在出现的编辑条里，选择“删除”，即可单独删除此工作表，如图7-66所示。

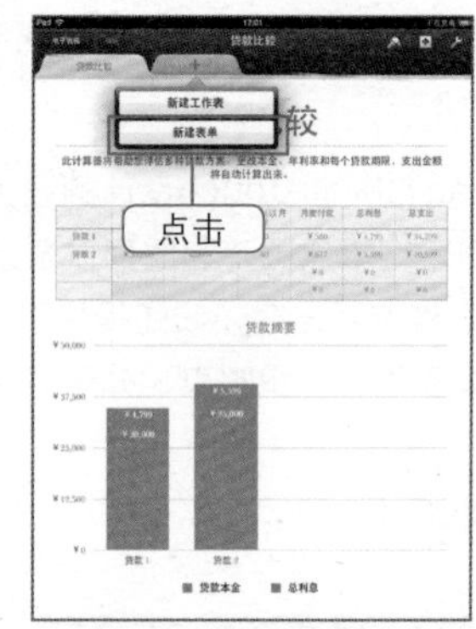

图7-63 “贷款比较”界面

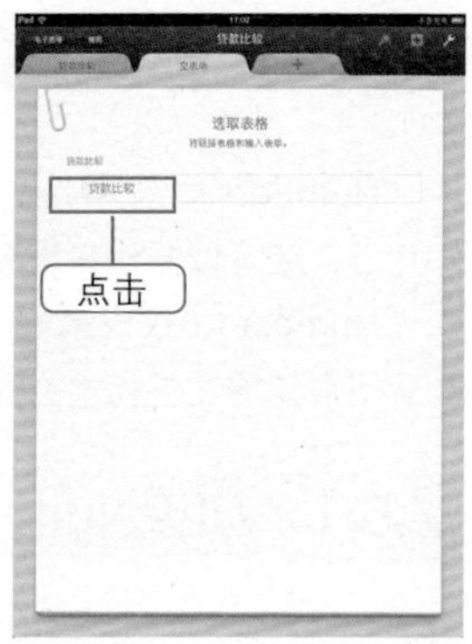

图7-64 “空表单”界面

注意

点击一个单元格，即可弹出数字键盘，可以重新输入数字。

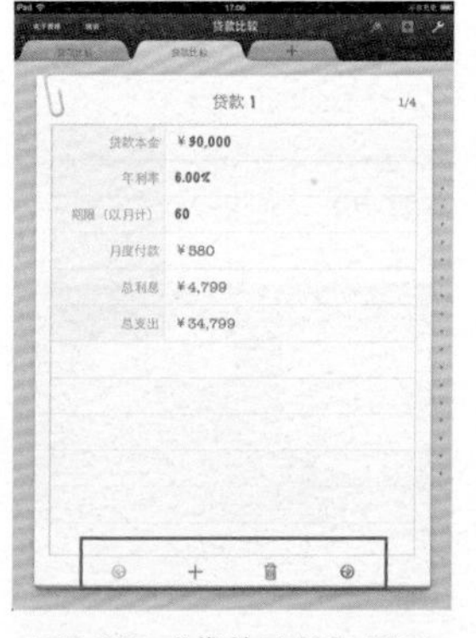
图7-65 “贷款比较”界面

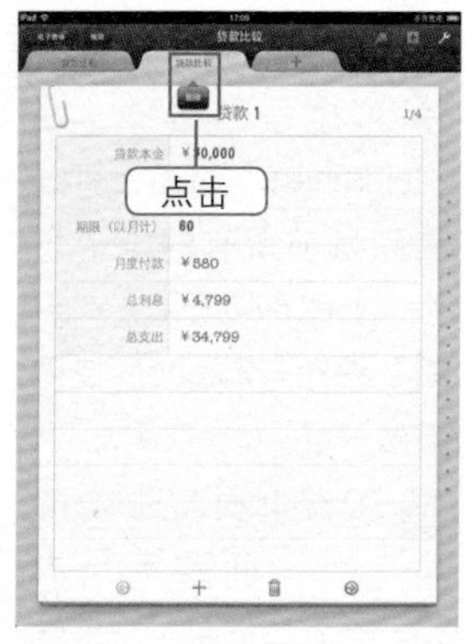

图7-66 “贷款比较”界面

7.6.2 Numbers表格的基本编辑方法

下面主要介绍一下在Numbers中编辑表格的方法。

1 选中一个表格的方法是在表格左上角点击一下，此时表格处于选中状态，如图7-67所示；

在表格选中状态下，表格的左侧和上侧各有一个灰色的长条，在灰色长条的末端有个深灰色的圆点；按住圆点左右移动就可以添加或者删除一列。

2 点击灰色长条的任意列或行对应的长条上所在位置，即可选中整个列或行，如图7-68所示。

3 在需要修改的单元格上连续点击，界面下方就会出现虚拟键盘，然后可以对单元格内容进行修改，如图7-69所示。

4 选择一个单元格时，出现蓝色框，继续拖动篮框右下角的圆点，可以选择多个单元格，然后轻轻点击，出现编辑框，可以进行剪切、删除和拷贝等工作，如图7-70所示。

5 选择多个单元格之后，点击不放，拖动单元格，即可将单元格中的内容移动到新的位置，如图7-71所示。

6 添加公式。表格中经常会涉及公式的计算，Numbers的公式编辑功能超强，可用函数多达250多种。这里我们先介绍一下大致使用方法。先选中要编辑的单元格并且连续点击。界面下方会出现编辑框，分别有数字、时间、文字和公式编辑功能，选择“=”按钮，然后编辑公式即可，如图7-72所示。

图7-67　选中表格

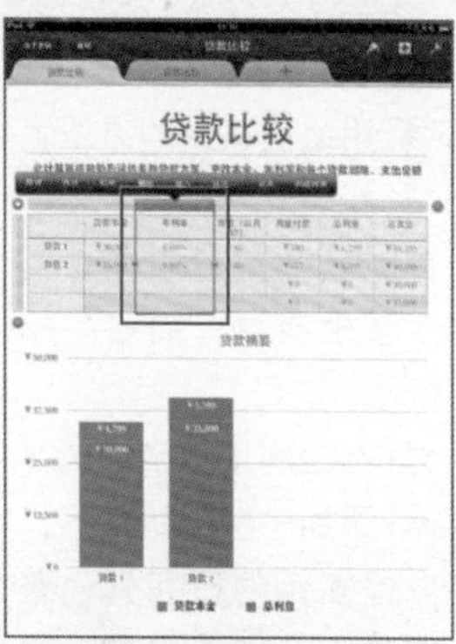

图7-68　选中整列

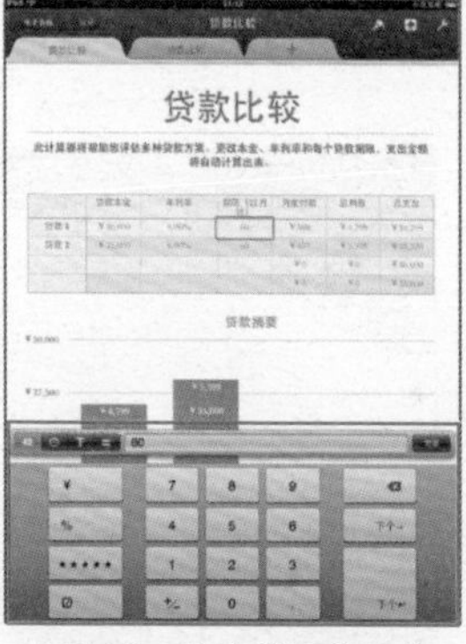

图7-69　修改单元格内容

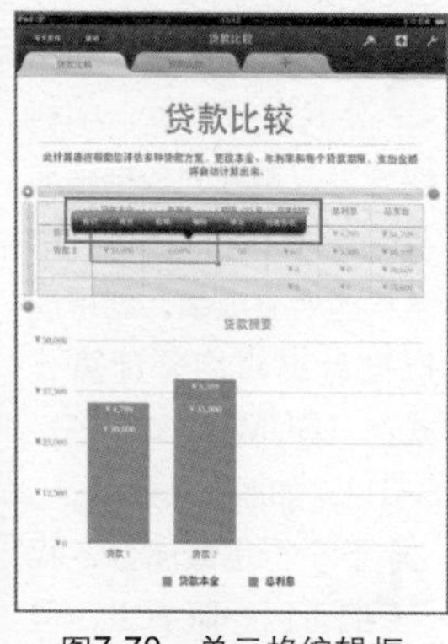

图7-70　单元格编辑框

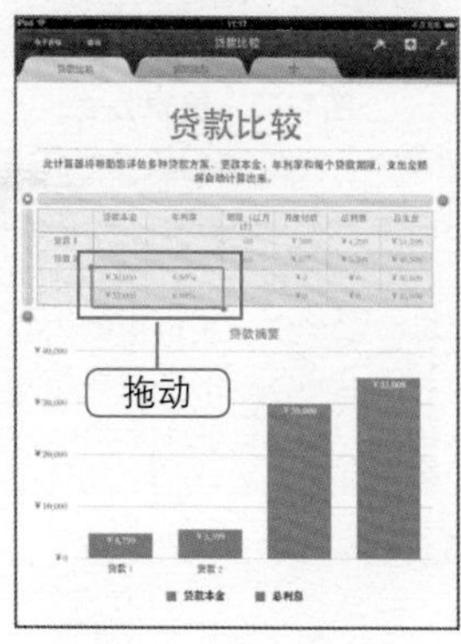

图7-71　移动单元格

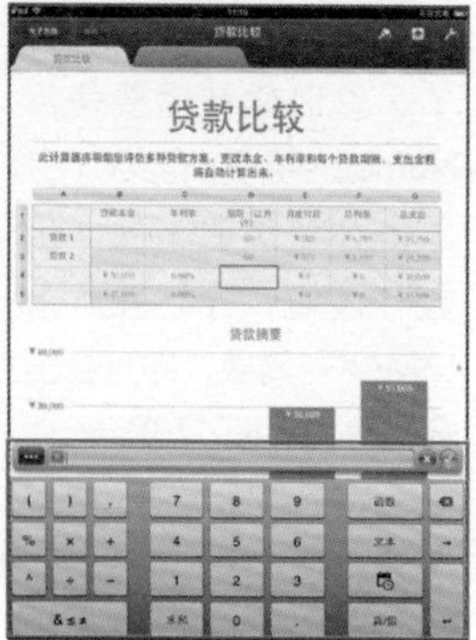

图7-72　添加公式

至此，我们了解了Numbers的基本使用方法，接下来就可以应用Numbers了。

7.6.3 用Numbers做一个小表格

1 用之前讲到的方法，新建一个空白表格，在新建的空白表格中输入学生成绩，如图7-73所示。

2 然后利用数字编辑，添加一些原始数据，去掉多余的行和列，整理成一个完整表格，如图7-74所示。

3 剩下的数据可以利用公式进行计算，学科均分可以用各列数据相加再除以3得到。选中一个学科的所有成绩，利用虚拟键盘编辑均分计算公式：（SUM（B2：B4）÷3），如图7-75所示。

4 下一行是最高分，我们可以一眼看出，但是如果学生的数量很多，用眼睛来查找就有些费力了，这时候就需要使用Numbers提供的函数了。点击公式编辑下的“函数”按钮；找到并点击“MAX”函数，即可找出最高分，如图7-76所示。

图7-73　新建工作表

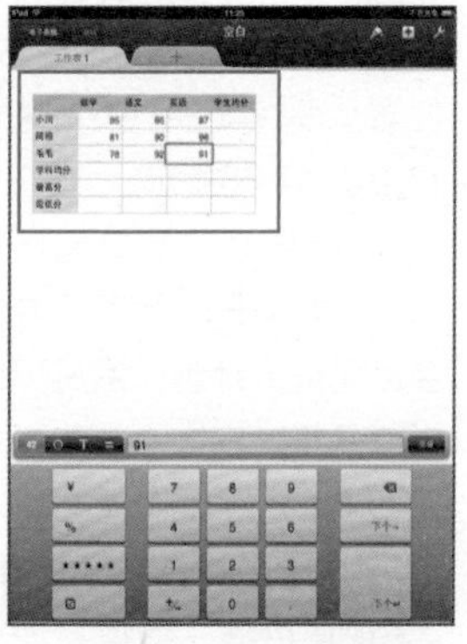
图7-74　整理工作表

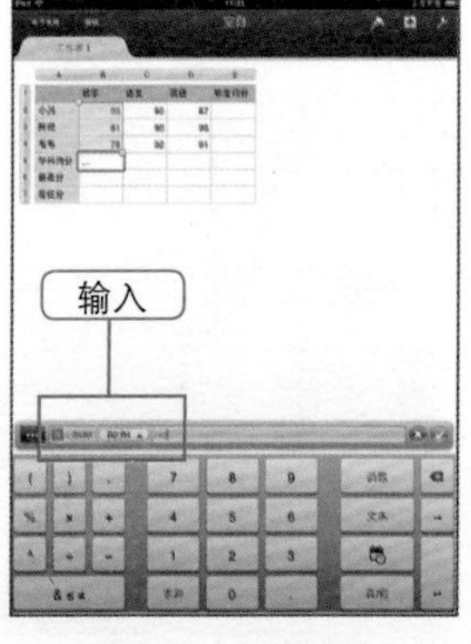

图7-75　编辑公式

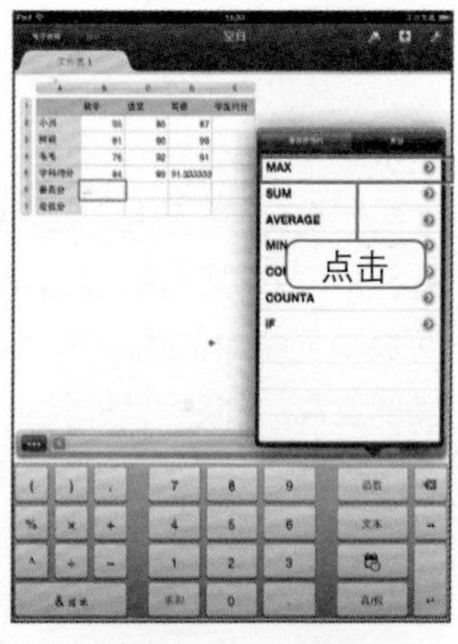

图7-76　应用函数

最后，我们还可以选择一些图表来展示表格中的内容。例如柱状图，选择三个学生的各科成绩和平均分，添加柱状图即可，在此不再叙述。

7.7　使用Keynote做PPT

提起PPT大家应该都很熟悉了吧，各种漂亮的背景和优美的动画让枯燥的讲解变得丰富多彩。在New iPad上也可以做出这样的PPT，并且使用起来更加方便。

7.7.1　Keynote的基本使用方法

1 点击左面上的Keynote图标进入其界面，在“Keynote”主界面，可以看到您所拥有的演示文稿，“编辑”按钮功能与前面介绍的Pages中按钮的功能相同，如图7-77所示。

图7-77　“Keynote”主界面

2 初次打开，里面已经内置了一个“Keynote使用方法”，点击即可了解，如图7-78所示。

图7-78　“使用入门”界面

3 在“Keynote”主界面，点击页面右上角的“+”创建新的演示文稿，如图7-79所示，在弹出的菜单中选择“创建演示文稿”。

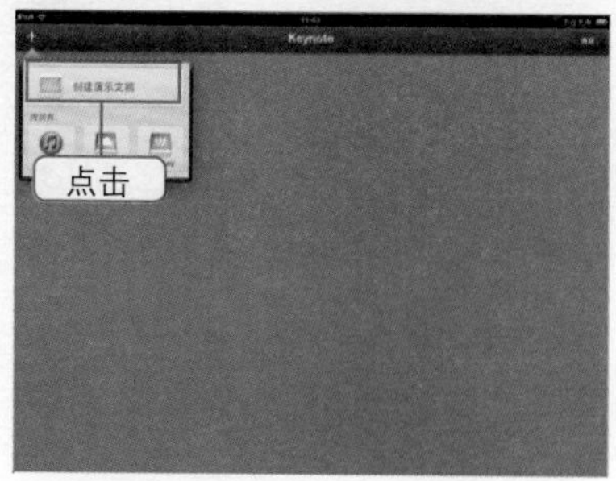

图7-79　“Keynote”主界面

4 在“选取模版”界面，点击选择一个模板，如图7-80所示。

图7-80 “选取模板”界面

5 即可打开该模板进行编辑，如图7-81所示。页面右上方的按钮的使用方法如下。

格式：更改对象或文本属性；插入：添加照片、表格、图标或形状；工具：给幻灯片添加动画效果，搜索、检索拼写及其他；播放：播放演示文稿。

图7-81 “演示文稿”编辑界面

6 点击页面左下角的“+”，点击模板可以实现新建幻灯片的功能，如图7-82所示。

图7-82 “轻按来添加幻灯片”窗口

7.7.2 建立自己的幻灯片

可以在目标中删除幻灯片并添加自己的幻灯片，下面使用空白的目标将自定义的元素添加到幻灯片中。

1 通过前面的方法新建一个新文档，点击“+”，添加新幻灯片，选择右下角的空白幻灯片，如图7-83所示。

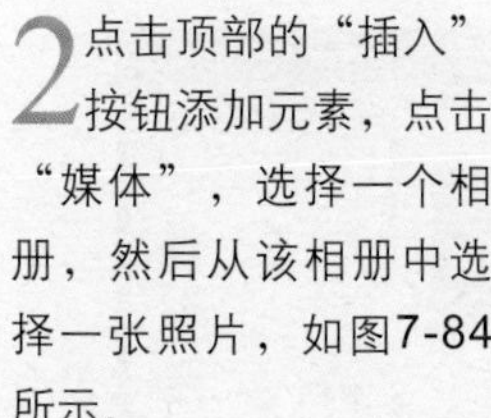

图7-83 添加新幻灯片

2 点击顶部的“插入”按钮添加元素，点击“媒体”，选择一个相册，然后从该相册中选择一张照片，如图7-84所示。

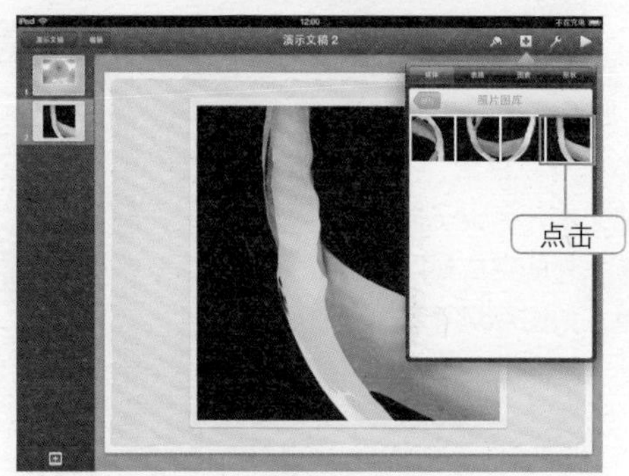

图7-84 从相册中添加照片

3 对于所需照片，按住一个蓝色四点，缩小图片，如图7-85所示。

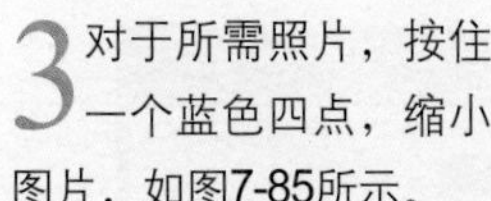

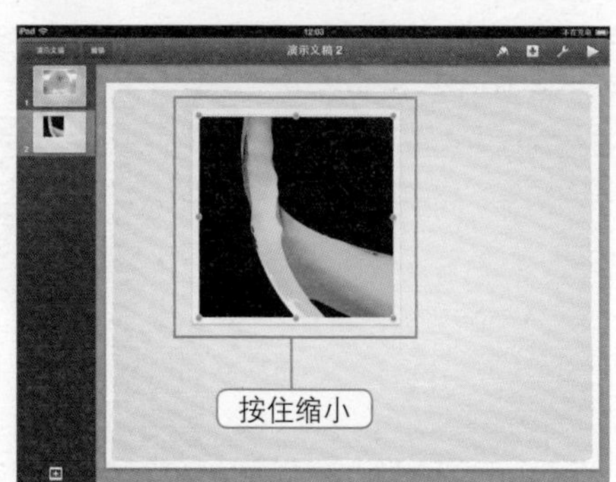

图7-85 缩小图片

4选中图片，点击“格式”按钮，在“样式”选项中点击一个样式，可以对照片应用样式，如图7-86所示。

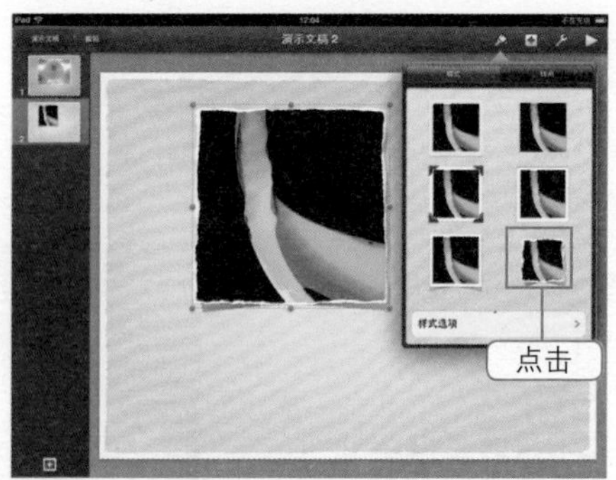

图7-86　为图片应用样式

也可以点击底部的“样式选项”，自定义多种样式。使用前面的步骤，可以添加更多的图像。若要选择多个项目，使用两个手指，用一个手指点击其中一个图像并按住不放，用第二个手指点击其他图像将它们一起选中，然后将图像拖曳到更好的位置。

5点击“插入”按钮添加另一个元素。点击“形状”；点击“T”表示纯文本，点击“插入”菜单之外的空白处以关闭菜单，如图7-87所示。

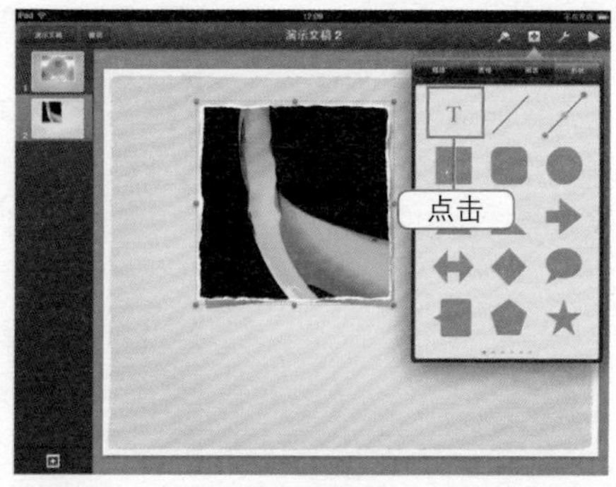

图7-87　添加文字

6点击文本框选中它，将文本框拖到新位置，在文本框中点击两次进行输入文本，如图7-88所示。

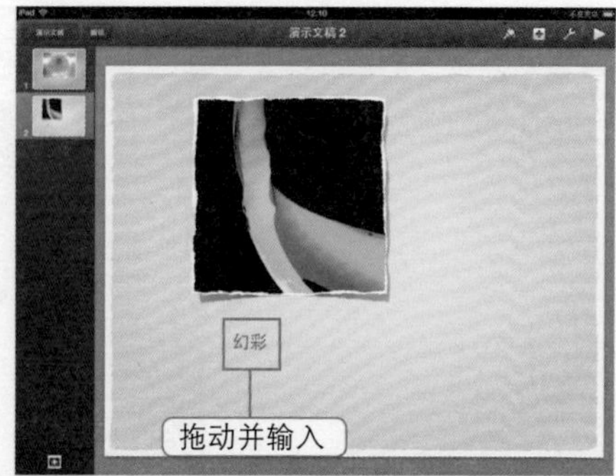

图7-88　编辑文字

7 有了选中的文本，点击“格式”按钮，然后点击“文本”或改变字体样式，如图7-89所示。

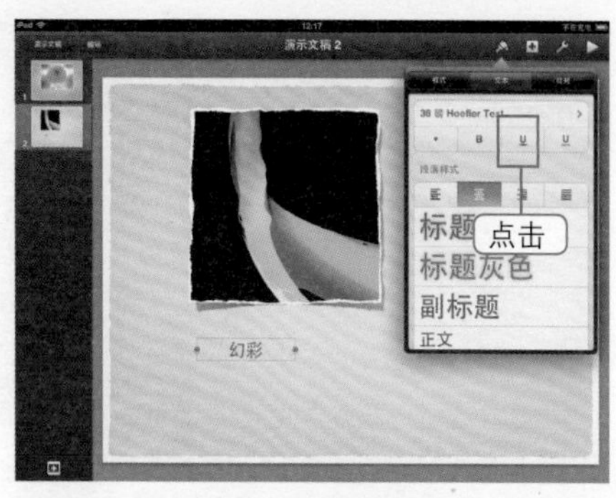

图7-89　应用文字样式

8 点击“下划线”按钮，如图7-90所示，文本现在已经是添加下划线了。

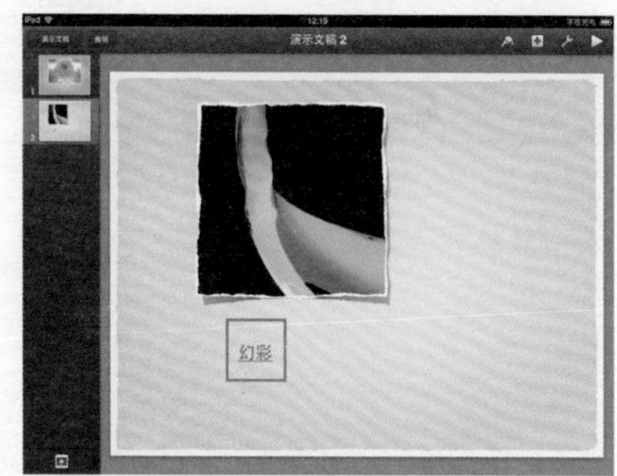

图7-90　文字样式效果

7.7.3　怎样添加过渡

像其他PPT程序一样，New iPad上的Keynote也有一些过渡选项，要使用这种过渡效果，打开一个简单的简报。例如，前面已经处理过的简报，也可以用示例幻灯片创建一个新文档。

1 选择左侧的幻灯片，点击“工具”按钮，在弹出的菜单中选择“过渡和构件”，如图7-91所示。

图7-91　“工具”选项

2 点击蓝色圆形，如图7-92所示。

图7-92　添加过渡效果

3 在弹出的窗口中，选择一种过渡。在所有过渡效果中滚动，选择一种，这样选择“立体翻转”，幻灯片显示过渡效果的动画，然后返回，如图7-93所示。

图7-93　“过渡”窗口

4 点击“选项”，选择任意与过渡相关的选项。例如“立体翻转”可以从四个方向移入，如果不想改变任何选项，在其他位置点击关闭菜单，如图7-94所示。编辑完成后，点击屏幕右上角的“完成”按钮即可添加过渡效果。

图7-94　“过渡”窗口

7.7.4　组织幻灯片

在New iPad中建立了PPT后，可能发现需要对幻灯片重新排序。不过，有了Keynote这根本不成问题。要组织幻灯片，使用包含几张幻灯片的PPT。

1 通过前面的方法创建一个包括多张幻灯片的PPT。点击并按住第3张幻灯片，它变大了一点，按住手指拖曳，可以将它拖到幻灯片1与2之间，如图7-95所示。

图7-95　移动幻灯片

拖曳一个幻灯片放在列表的后面时，有两个选项。第一个是使幻灯片在插入的地方左对齐。但是如果幻灯片移动的位置有些偏右，可以将幻灯片与其上面的幻灯片组织在一起。分组是一种很好的方法，可以将同组的幻灯片视为一个元素，这样如果需要的话，就可以将组作为一个单元移动。

2 上面提到了幻灯片的组织，现在来看看如何将几页幻灯片加入一个组织中，以便于以后将其作为一个整体移动。继续新建几个幻灯片，拖曳幻灯片4，插入到幻灯片2所在的组。点击幻灯片2左侧的三角形关闭组，如图7-96所示。

图7-96　关闭组

3 点击幻灯片5并继续按住它，用另一只手的手指点击幻灯片6和7，然后手指离开，现在就可以将这3张幻灯片作为一个单元进行移动了，如图7-97所示。

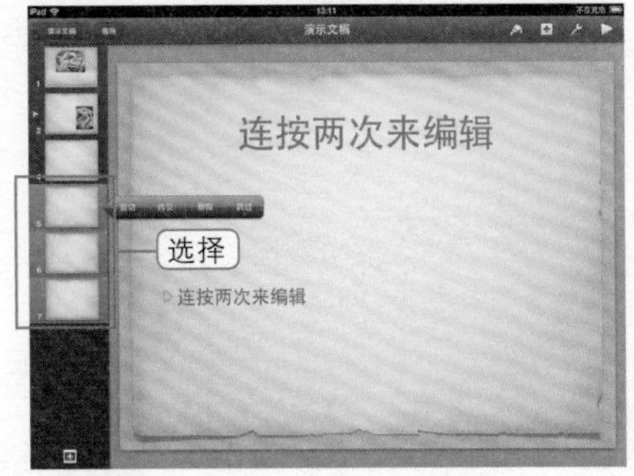

图7-97　移动多个幻灯片

4 点击选择一张幻灯片，然后在短暂延迟后再次点击，弹出一个菜单，可以像编辑文本一样使用“剪切”、“复制”和“粘贴”，用这种方法可以复制幻灯片；点击“删除”可以删除该幻灯片。点击“跳过”将幻灯片在PPT中跳过，这在用户想要从PPT中临时删除一张幻灯片时很有用，如图7-98所示。

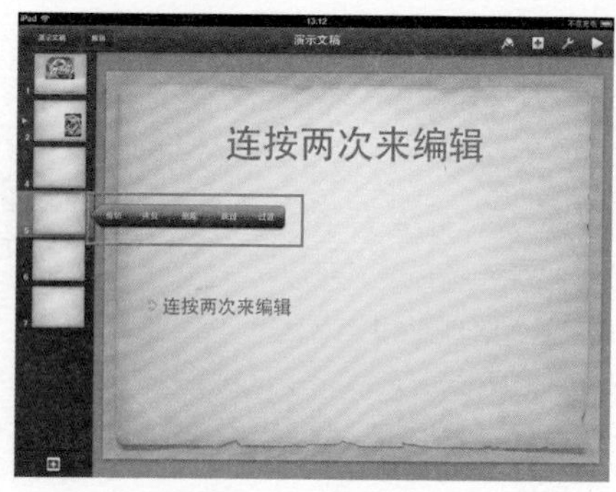

图7-98　幻灯片编辑菜单

7.7.5　如何播放PPT

创建PPT后，可以播放PPT。

1 在Keynote中打开PPT，点击“播放”按钮，PPT占满了整个屏幕。在屏幕的中央或右侧点击，以显示下一张幻灯片，如图7-99所示。也可以点击并从左向右拖曳。要返回前一张幻灯片，在屏幕上从右向左滑动手指。

2 在屏幕的左边缘点击，弹出幻灯片列表，在列表中点击一张幻灯片直接进入其中，如图7-100所示。

图7-99　播放幻灯片

在屏幕的中央点击两次结束PPT并返回编辑状态；在幻灯片列表中点击两次可以关闭列表。

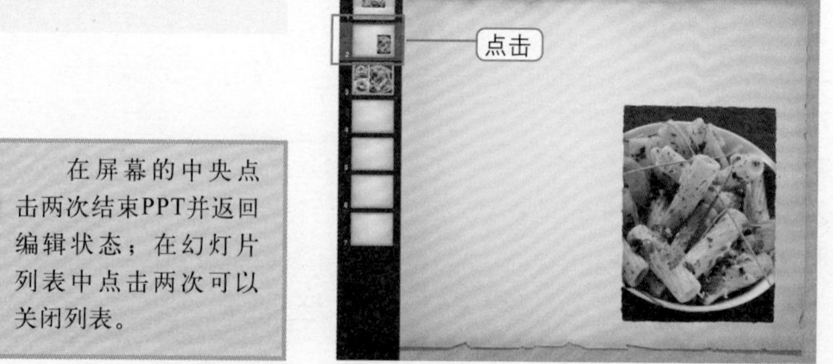

图7-100　幻灯片列表

第 8 章

New iPad休闲娱乐

除了办公，New iPad还能在休闲娱乐的时间里充当你的好朋友，快来看看怎么和这个好朋友分享快乐吧！

8.1 电子图书轻松读

刚拿到了New iPad，是不是迫不及待地想看电子书了呢？其实New iPad提供的阅读方式多种多样，除了在5.8小节中介绍的电子杂志阅读外，本小节主要介绍一款能使您阅读轻松有趣，且更方便操作的阅读软件——iBooks。

iBooks可以用来浏览互联网上丰富的cpab电子书，它还支持PDF格式的文件。用户可以从App Store商店免费下载该程序。iBooks不仅是一个绝妙的电子书阅读器，同时还是一个方便用户随时选购书籍的好助手。

iBooks内含iBookstore书店，供用户随时下载最新的畅销书或最喜爱的经典著作。用户可以在精美的书架上浏览书库，触碰图书来翻阅，推送或轻按页面来翻阅，还可以给喜爱的段落内容添加书签或备注。

1 进入New iPad主界面，点击"iBooks"，进入"iBooks"主界面，如图8-1所示，仿木纹路看起来很像真实的书架，十分逼真。在界面的左上角，找到并点击"书店"按钮。

2 书架会自动移开，显示iBookstore的内容，浏览书籍，选择并点击自己感兴趣的书籍，如图8-2所示。

3 进入详细信息页面，在这里可以看到该数目的详细信息与读者评价，如图8-3所示，并且可以下载完整的书籍或者下载书籍样本。

图8-1 "iBooks"主界面

图8-2 iBookstore主界面

图8-3 书籍详细信息界面

为了方便演示，这里以下载书籍样本为例，简单介绍下载方法。

4 点击“获取样本”，下载完成后，自动返回虚拟书架，可以看到书籍样本已经摆放在书架上了，点击该书籍，如图8-4所示。

图8-4　返回书架界面

5 现在可以进行阅读了，如图8-5所示，用手指向左、右滑动，可以体验真实翻书的感觉。

6 点击右上角的“书签”图标（点击后，书签图标变为红色书签），即可将当前页添加到书签中，如图8-6所示。

图8-5　书籍阅读界面

图8-6　添加书签

7 点击左上角的“目录”按钮返回目录，在上方切换到“书签”页面，即可看到刚添加的书签，如图8-7所示；点击添加的书签选项，即可跳转到书签位置。

8 点击“字体”图标，弹出字体设置窗口，点击“缩小字体”按钮或“增大字体”按钮，以改变文中字体大小，如图8-8所示。

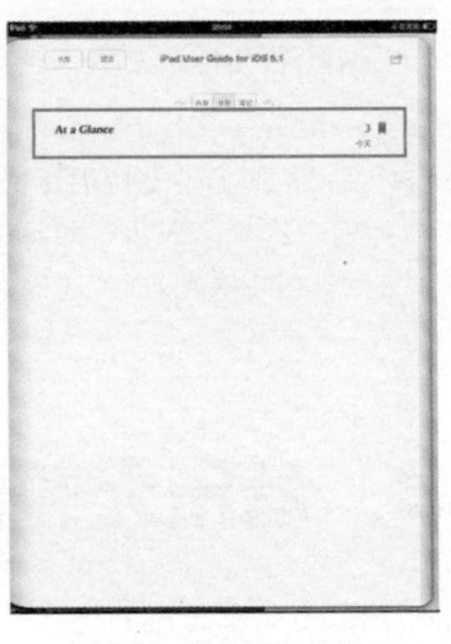

图8-7　“书签”界面

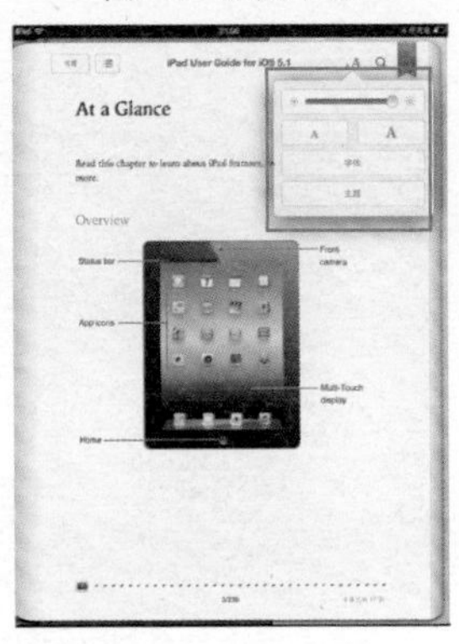

图8-8　“字体”窗口

注意

拖动窗口上方的滑块，可以根据自己的需要调整整个画面的亮度。

9 点击“字体”按钮，即可在展开的列表中选择不同的字体来显示，如图8-9所示。

10 点击右上角的“放大镜”图标，然后输入关键字进行全文检索，全文检索完毕后，会显示出搜索结果所处的位置。

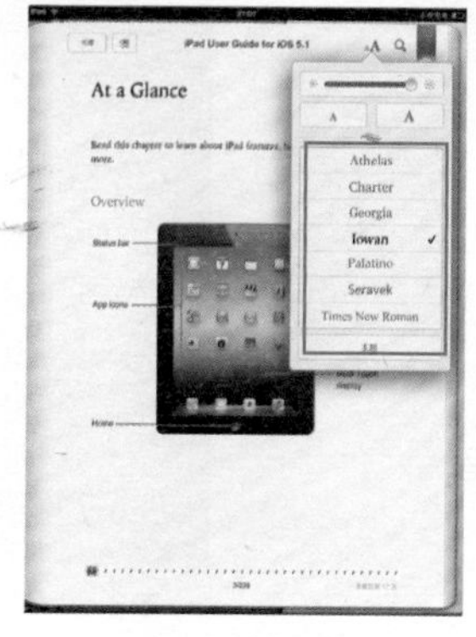

图8-9　选择字体

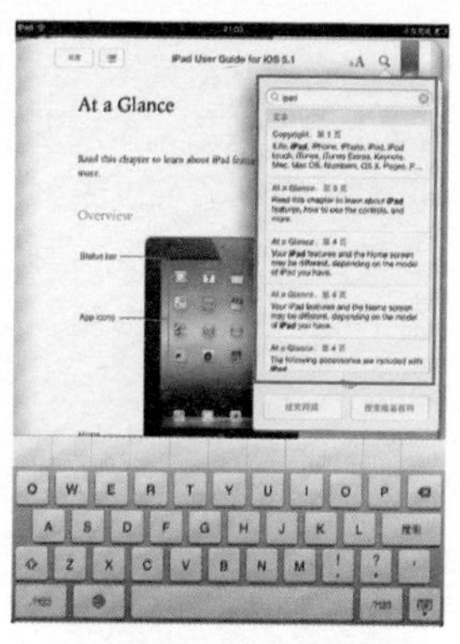

图8-10　全文检索

11 点击需要做标记的部分，在弹出的菜单中选择“笔记”，如图8-11所示。

12 显示标记便签后，输入标记的内容，如图8-12所示，再轻触空白处即可完成标记的输入。

图8-11　标记文字

图8-12　输入标记内容

另外，“iBooks”程序现在还支持PDF格式文件，点击左上角的“精选”，在弹出的下拉列表中选择“PDF”即可进入PDF书籍界面，这样就能以阅读电子书的方式来阅读PDF格式。

8.2　音乐无极限

试试用大块头New iPad聆听音乐的乐趣吧！

8.2.1 播放音乐

国内的iPod用户非常多。在New iPad中，也有完备iPod功能，读者可以一边看文档一边听音乐，阅读听歌两不误。

进入New iPad主界面，点击“音乐”，进入音乐的主页界面，如图8-13所示，下面介绍各部分的功能：

❶ 音量：控制播放歌曲的音量。

❷ 播放控制：其左侧控制歌曲的播放、暂停与上一首、下一首的切换，右侧为当前播放的歌曲，点击最右侧的“Genius”按钮，可以创建智能播放列表。

❸ 搜索：输入关键词搜索歌曲。

❹ 切换显示：按不同的类型排列播放列表。

❺ 资料库：音乐资料库。

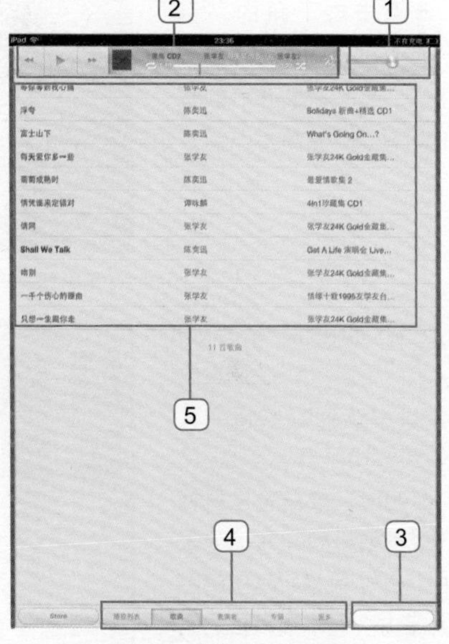

图8-13　“音乐”主界面

下面主要介绍“音乐”程序的使用方法。

1 点击底部“专辑”按钮，切换类型为专辑，再点击任一专辑封面，如图8-14所示。

2 即可弹出歌曲列表，任选一首歌曲进行播放，如图8-15所示。

图8-14　“专辑”界面

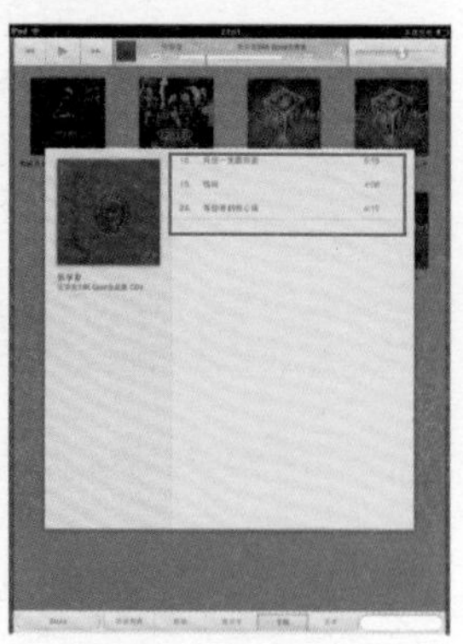

图8-15　专辑歌曲列表

3 歌曲播放列表如图8-16所示，将全屏显示封面海报。

4 点击右下角的“列表”按钮，将以列表模式显示该专辑中的歌曲，如图8-17所示。

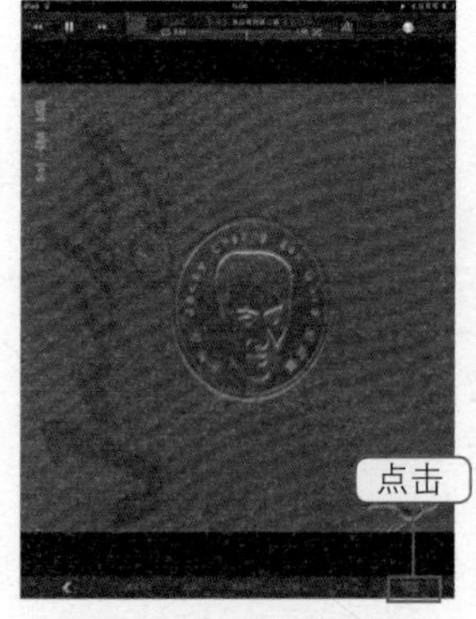

图8-16　音乐播放界面

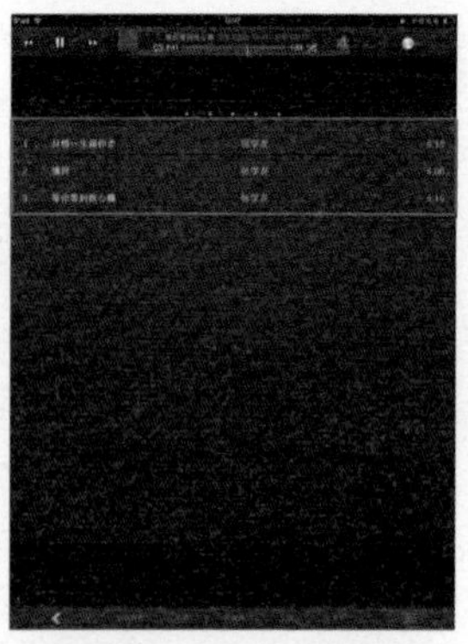
图8-17　列表模式界面

5 在界面底部点击“更多”，在弹出的窗口中选择“风格”，如图8-18所示。

6 此时，歌曲将按风格类型排列，在该列表中，每个风格所对应的图片下方会显示该风格的名称、所拥有的专辑数及歌曲数，如图8-19所示。

图8-18　“更多”窗口

图8-19　“风格”界面

点击想要听的风格所对应的图片，就可以打开该风格中所包含的歌曲列表，点击想播放的歌曲名称，就可以播放该歌曲。

8.2.2　自定义播放列表

1 点击底部的“播放列表”按钮，进入“播放列表”界面，如图8-20所示，点击右上角的“新建”按钮添加播放列表。

2 在弹出的“新建播放列表”窗口中，输入新列表的名称，如图8-21所示。输入完成后点击“存储”按钮，完成新播放列表的添加。

3 此时，进入歌曲列表编辑模式，程序将自动切换为“歌曲”类型，如图8-22所示。

4 然后选择想要添加到新建列表中的歌曲，点击“完成”按钮即可，如图8-23所示。

在列表编辑模式中，同样可以切换为“表演者”、“专辑”等类型来选择播放歌曲。

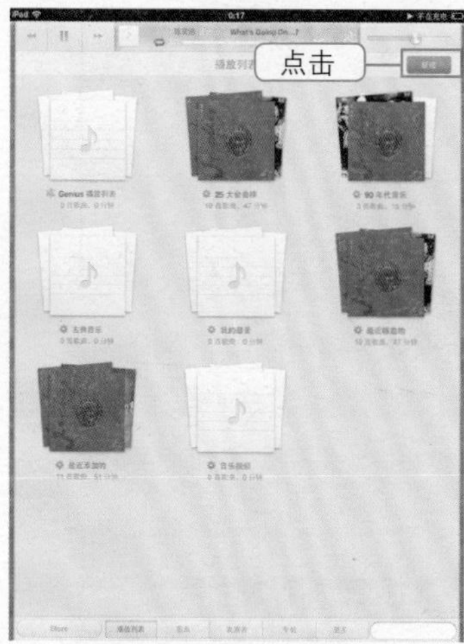

图8-20 “播放列表”界面

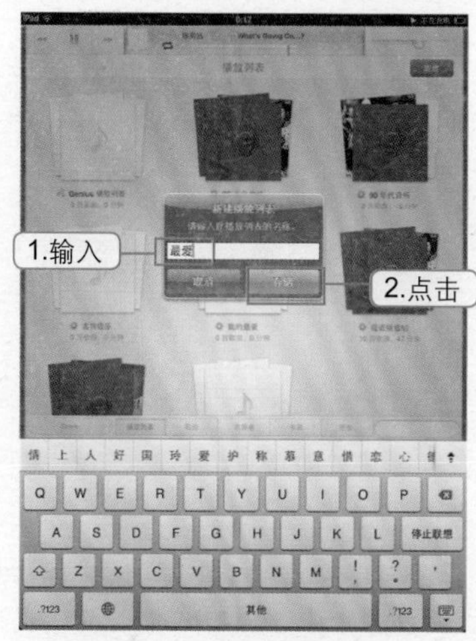

图8-21 “新建播放列表”窗口

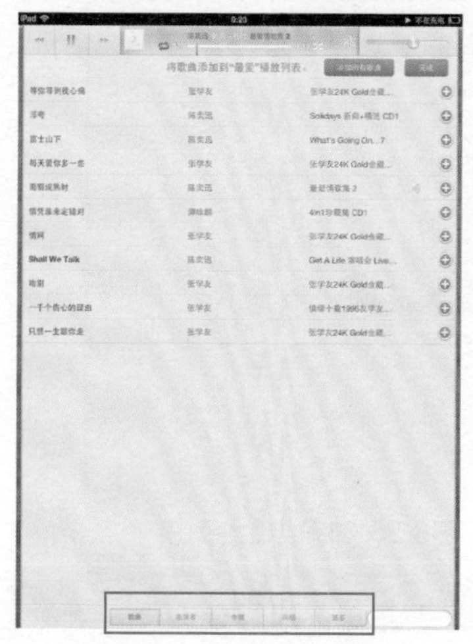

图8-22 “添加歌曲”界面

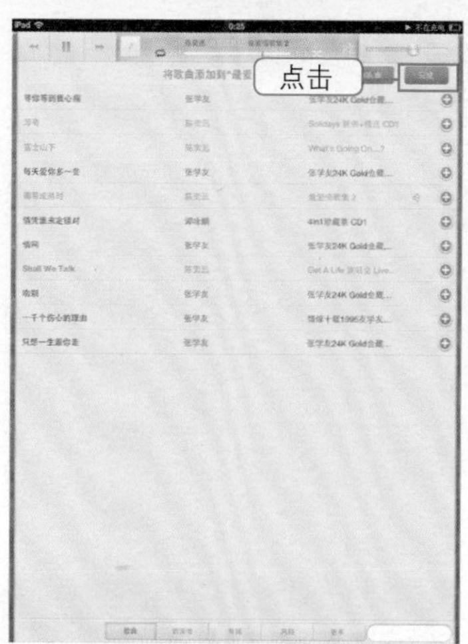

图8-23 “添加歌曲”界面

5 添加完成后在新建列表中看到选择的音乐，这时列表前有红色符号，说明还在编辑状态，如图8-24所示。

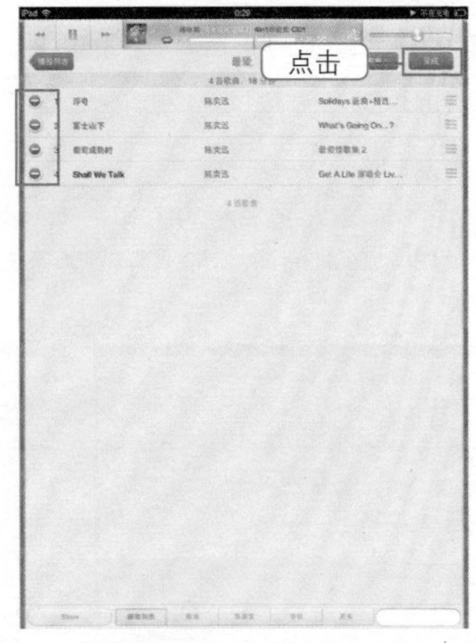

图8-24 “编辑歌曲”界面

此时，如果想要删除指定的歌曲，则点击歌曲名称左侧的图标即可。

6 确认无误后，点击“完成”按钮，红色符号消失，至此完成自定义播放歌曲列表的编辑，如图8-25所示。

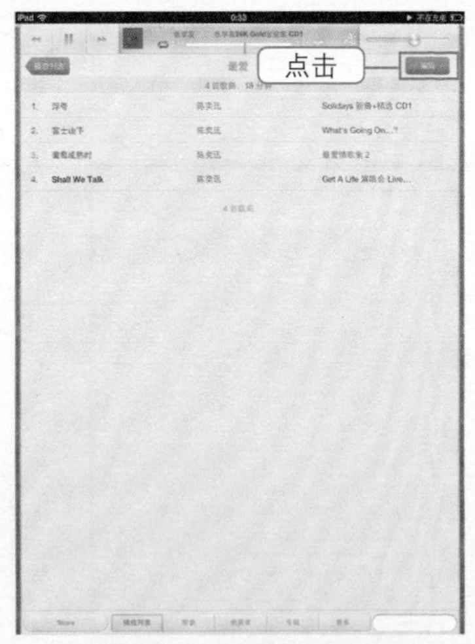

图8-25 建成播放列表

选好播放的歌曲后，按主屏幕键，可以退出音乐程序，但是歌曲的播放不会停止。

8.2.3 识别歌曲的方法

New iPad的强大之处在于它能安装很多强大的软件。我们经常可以在网上搜索自己喜欢的歌曲，当然前提是我们知道歌曲名称。但是有一个问题比较棘手，就是如果只是在大街上走过，猛然间天籁之声传入我们的耳朵，很喜欢，却不知道歌曲的名字，这时怎么办呢？如果此时您恰好带着New iPad，那就可以解决了！

只要在New iPad上安装一款免费的Shazam软件，就可以实现“它听歌曲帮你查”了，很神奇吧！Shazam是一款专业的音频（音乐）识别软件，它可以通过手机的麦克风采样，大概只要采取几十秒的音源（歌曲样本），然后通过网络将音乐的波段数据发送到Shazam公司的服务期内，经过快速分析识别，将得到这段音乐的相关信息，如曲名、主唱、专辑名和发行商等数据，传到Shazam软件以显示出来。

在iTunes中搜索并下载“Shazam”，并将其同步到New iPad中进行安装。

1 打开New iPad主界面，点击“Shazam”，程序开始载入，如图8-26所示。

2 在自己电脑中播放一首歌，将New iPad靠近喇叭或音响，点击右上角的“聆听”按钮，如图8-27所示。

图8-26 程序载入界面

图8-27 “Shazam”主界面

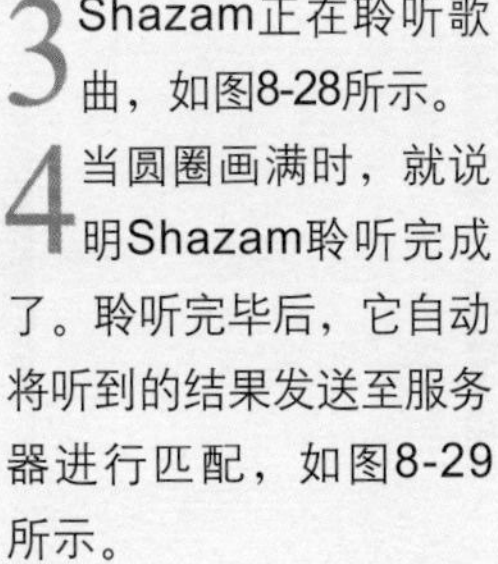

3 Shazam正在聆听歌曲，如图8-28所示。

4 当圆圈画满时，就说明Shazam聆听完成了。聆听完毕后，它自动将听到的结果发送至服务器进行匹配，如图8-29所示。

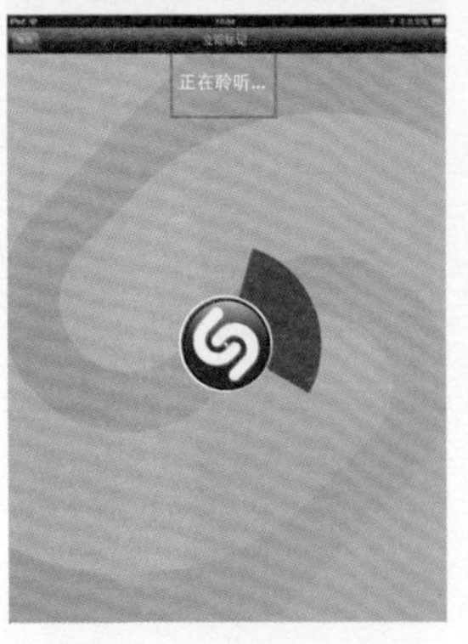

图8-28 “聆听歌曲”界面

图8-29 “正在发送”界面

5 匹配完成后，显示结果。包括歌曲名称、歌手姓名和专辑封面等，如图8-30所示。

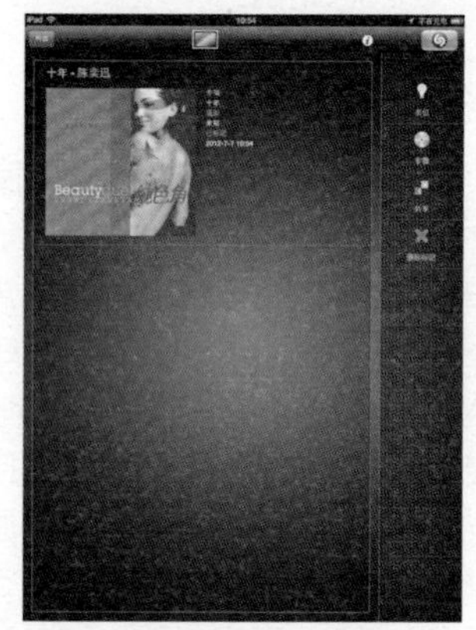

图8-30　匹配结果界面

在进行聆听是，最好离音响近一些，同时不要有太多杂音，这样辨别效果会更好。

8.2.4　收听广播

用New iPad收听广播？听起来是不是有点不可思议？事实上，New iPad不仅可以收听广播，也可以在线看电视和预约视频等。可以实现这些功能的软件很多，这里用“央广手机台”作为例子演示。

在iTunes或者App Store中直接搜索下载安装“央广手机台”即可。

1 进入New iPad主界面，点击“央广手机台”的图标，进入“央广手机台”主界面，如图8-31所示，在界面的下方有五个按钮，分别是主页、直播、电台、资讯和搜索。

2 在主界面中点击“电台”按钮，显示了可以收听的广播电台列表，如图8-32所示。

图8-31　“央广手机台”主界面

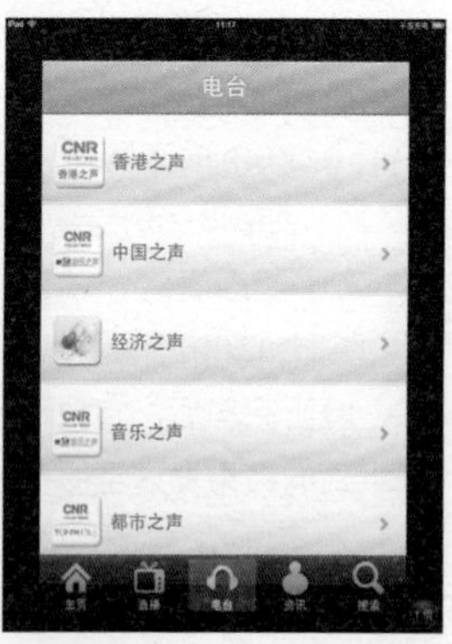

图8-32　“电台”界面

默认情况下看到的视图不是全屏，点击右下角的“2倍”图标可以更换为全屏模式。进入全屏模式，只是分辨率有限。

3 点击“中国之声”，进入“中国之声”的界面，可以清楚地听到主持人的声音。同样，点击屏幕能看到控制按钮，点击“完成”能够退出，如图8-33所示。

4 点击“资讯”，就可以看到国内外的最新资讯内容了，如图8-34所示。

下面再简单介绍一款名为“北京广播电台”的电台软件，点击软件图标，进入北京广播网首页，如图8-35所示。上部列表为广播类型，中间为该类型的广报各时段的节目表，下方则显示了正在播放的广播类型和节目，以及进入该广播的时间至正在播放的广播结束的时间。

图8-33　收听广播界面

图8-34　“资讯”界面

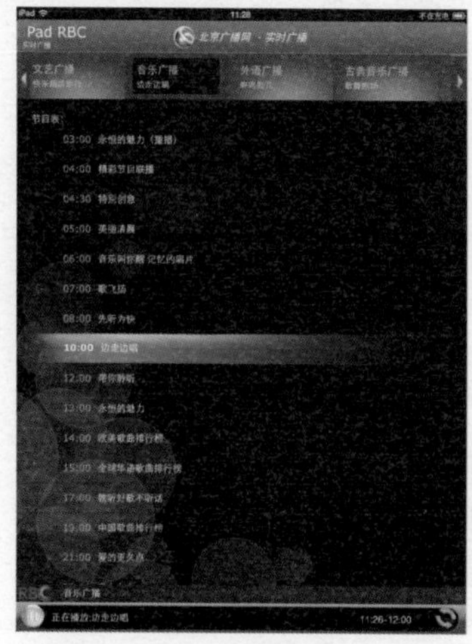

图8-35　“北京广播电台”主界面

8.3　用New iPad进行摄影

有了New iPad，相当于拥有了一部完美的相机和摄像机。外出旅游时，如果看到了值得拍摄的事物，New iPad背面相机可以派上用场，它具有的高清画质使

用户的任何拍摄都将是一幅佳作；而心血来潮时，可以使用正面相机对着自己，随意做些表情，玩一玩风格自拍，或者发起FaceTime视频呼叫。此外，用户还可以使用Photo Booth来拍摄效果独特的自拍照，为头像赋予无穷乐趣。

8.3.1 相机的界面介绍

点击主屏幕上的“相机”图标，进入拍照功能，如图8-36所示。

❶ 海报：点击该图标，可以查看上一次拍摄的照片。

❷ 拍照：对准目标后，点击该按钮，即可获得照片。

❸ 相机/视频开关：将开关滑动到录像，然后点击“拍照”按钮开始录制。录制的时候，录制按钮会闪烁，再次点击即可停止录制。

❹ 切换：在正面相机和背面相机之间切换。

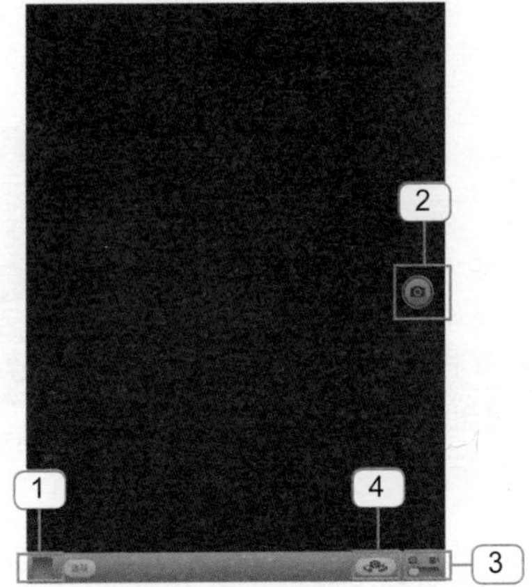

图8-36 “相机”界面

New iPad的相机功能可以进行拍照和摄像，默认情况下进入拍照状态。

8.3.2 对照片进行操作

拍完照片后点击“海报”，以查看照片，如图8-37所示。通过向左、右滑动页面，来查看检查“相机胶卷”中的其他照片和视频。

如果对照片或视频不满意，可以点击“删除”按钮，将其删除。点击“完成”按钮，以返回到相机或视频模式。

图8-37 查看照片界面

8.3.3　New iPad电子相框

电子相框又称数码相框，指能够不借助电脑可以在LCD面板上显示数码照片的一款电子产品，还可以将照片显示到电视机上。

1 点击主屏幕上的“设置”图标，进入设置页面，如图8-38所示。点击“电子相框”选项，在右侧的过渡效果中，建议选择“折纸效果”，设置播放的照片来源于“相簿”，选择希望播放的照片群组，再按“HOME”键返回主屏幕。

图8-38　“电子相框”设置选项

2 按一下电源键关闭屏幕后，再按一次该按钮，进入锁定屏幕，点击“电子相框”图标，即可进入电子相框模式，如图8-39所示。

图8-39　锁定屏幕界面

相框模式同样支持纵向、横向及屏幕翻转的功能。

8.3.4 Photo Booth

哈哈镜能使物像产生变形奇异效果或幻象，像用凸凹不平的玻璃做成的镜子，照起来奇形怪状，引人发笑。Photo Booth就是这样一款拍照软件，它拥有艺术、疯狂和怪诞的特效供用户选择，可以为面孔带来扭曲效果，制造双重影像或营造漫画的意境。

Photo Booth非常适合为派对助兴，只要您一直拍，快乐就会随之而源源不断，下面一起来试试看。

1 打开New iPad主界面，点击“Photo Booth”进入其主界面，如图8-40所示，可以为照片添加出色的特效，点击其中一种特效，如“万花筒”。

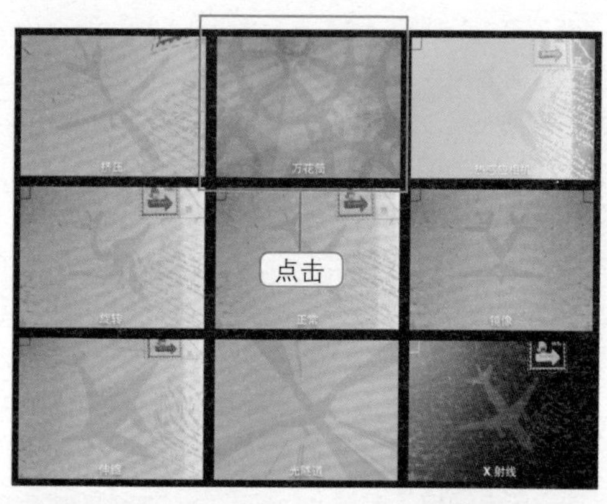

图8-40 “Photo Booth”主界面

2 进入拍照界面，点击屏幕下方中间的照相图标，进行拍照，如图8-41所示，如果觉得“万花筒”拍摄模式效果不满意，则可以点击左下角的“效果”图标，再次选择效果。

图8-41 “Photo Booth”拍摄界面

拍摄完成后，在屏幕右下角形成缩略图，点击缩略图可以进行查看和删除该照片。

8.4 New iPad影视播放

游戏和上网是New iPad公认的两大杀手锏。但是，New iPad的视频播放能力却成为广大用户诟病的软肋。New iPad只能播放部分MP4和MOV格式的视频，而对主流的AVI、RMVB和FLV等格式却无能为力。

要想在New iPad上播放，就必须先把AVI、RMVB和FLV等格式转换成MP4格式。

8.4.1 制作适合New iPad的视频

视频格式转换软件非常多，怎么才能保证转换的质量高而文件又小呢？MediaCoder是一款强大的音频/视频批量转码工具。它将众多来自开源社区优秀的音频视频软件整合于一个友好的图形界面。

1 在MediaCoder官方网站（http://www.mediacoderhq.com/index_zh.htm）上下载MediaCoder软件，在电脑上双击MediaCoder图标运行软件。每次启动时都会弹出MediaCoder的官方网页，为使用方便选中“下次启动不再显示此页面”选项，如图8-42所示。

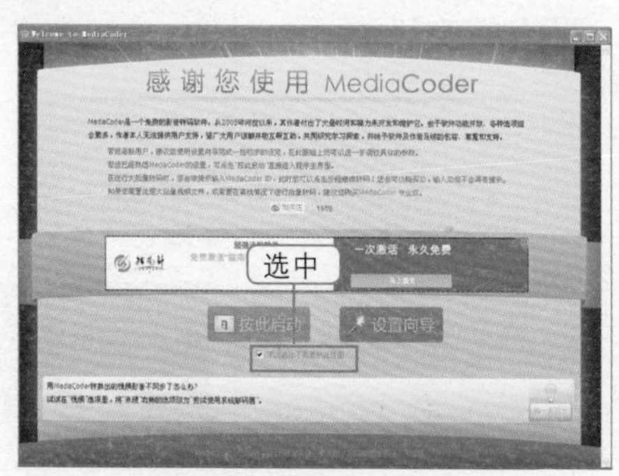

图8-42 “MediaCoder”官方网页

2 进入软件主界面点击左上角的“ADD”，在弹出的下拉列表中选择“添加文件”，添加要转换的文件，如图8-43所示，可以转换单个文件设置同时转换整个文件夹内的所有文件。

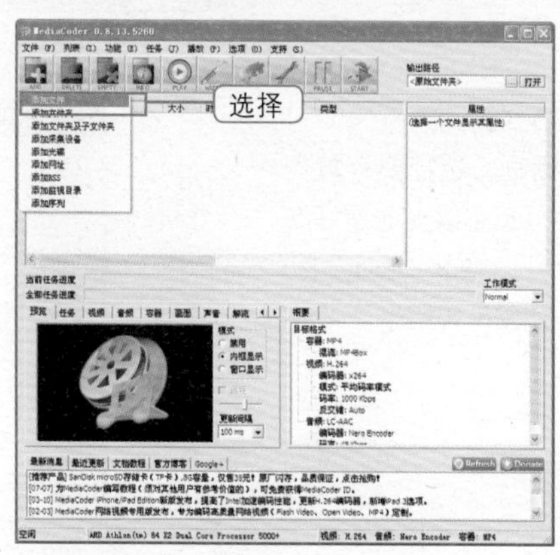

图8-43 “MediaCoder”主界面

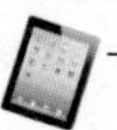

3 弹出“添加文件”对话框，选择要转换的文件，点击“打开”，如图8-44所示。

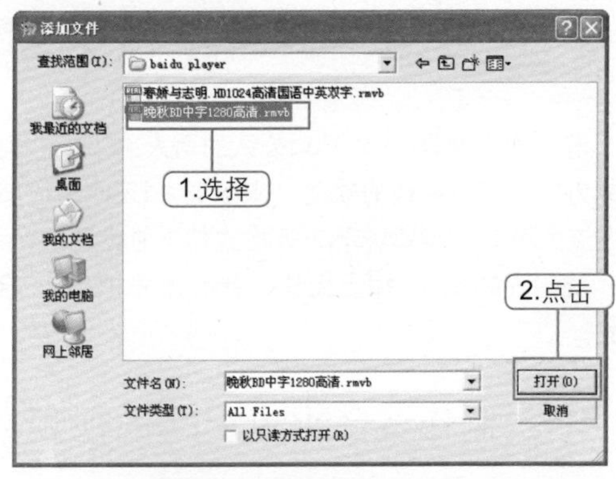

图8-44 “添加文件”对话框

4 回到主界面，点击右上角的“输出路径”按钮，选择转换完成后文件的存储路径，如图8-45所示。

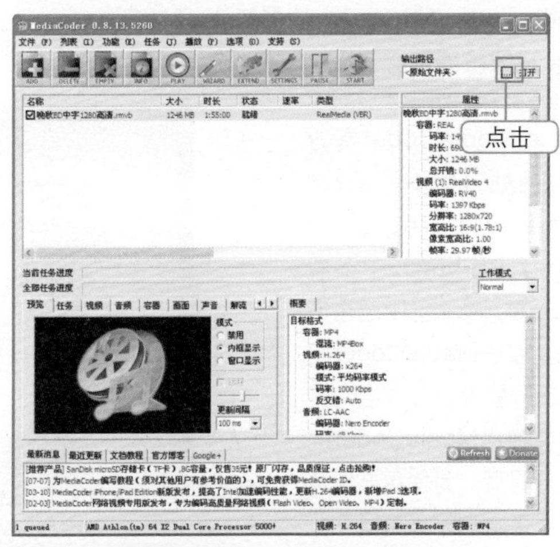

图8-45 “MediaCoder”主界面

5 弹出“浏览文件夹”对话框，选择要存放的路径（也可以提前建好文件夹），点击“确定”按钮，如图8-46所示。

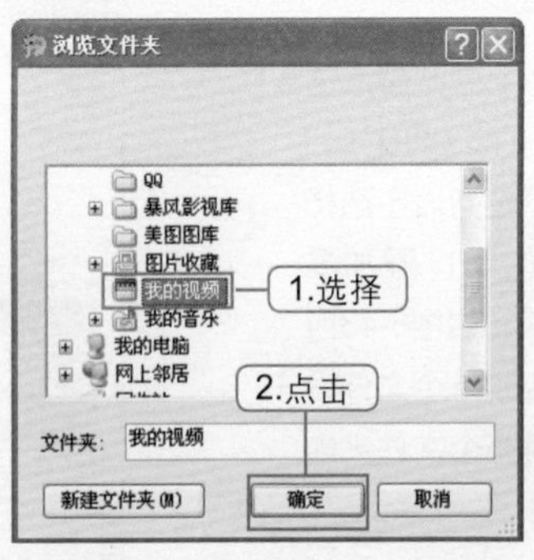

图8-46 “浏览文件夹”对话框

6 选择完成后，回到主界面，点击最上方的“START”按钮，开始转换。

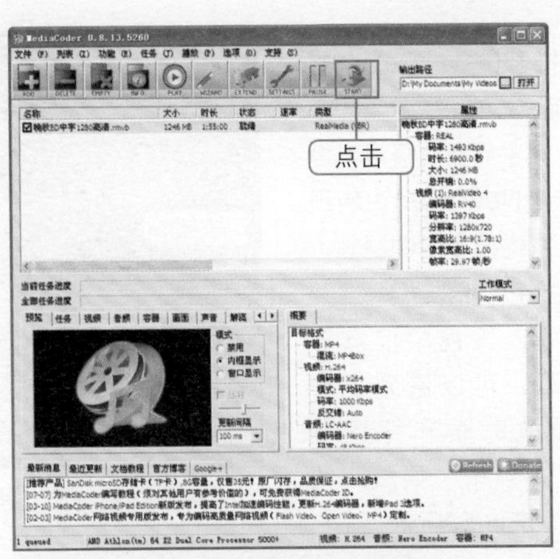

图8-47　“MediaCoder”主界面

7 执行转换任务，出现了任务进度条，可以预览转换效果，查看是否符合自己的预期期望。另外，还可以设置转换的字母、画面和声音等，以满足您的个性化需求，如图8-48所示。

图8-48　“MediaCoder”主界面

转换完成，将弹出提示窗口，点击“确认”。转换完成后，我们就可以通过iTunes将转换好的视频同步到New iPad中，之后就可以尽享影片带来的乐趣了。

8.4.2　观看本地视频

New iPad高分辨的屏幕可以用来观看多种视频，从高清电影到电视连续剧，或者播客以及MTV。对于大多数视频内容，还可以旋转New iPad横向观看。而New iPad超长的待机时间让使用New iPad观看视频变得没有后顾之忧。

1 打开New iPad主界面，点击“视频”进入视频主界面，显示已经同步到New iPad中的视频，点击要观看的视频，如图8-49所示。

2 进入该视频信息界面，可以看到视频的播放时长和标题等信息，点击“播放”按钮，如图8-50所示。

图8-49 “视频”主界面

图8-50 视频信息界面

开始播放视频，在屏幕上点击，将弹出控制条，可以进行多种播放操作。例如，快进、快退和声音大小调整等设置，点击左上角的“完成”可以退出视频播放。

8.4.3 用优酷随时随地看视频

优酷网是中国领先的视频分享网站。当优酷网首次提出“拍客无处不在”，倡导“谁都可以做拍客”，引发全民拍客文化风潮，反响强烈，优酷网现已成为互联网拍客聚集的阵营。

在国内说起优酷，恐怕无人不知无人不晓。用户只需要在New iPad上装一个优酷iPad版，就可以实现随时随地看视频了。通过iTunes或者App Store下载免费的优酷iPad版直接安装即可。

1 点击主屏幕上的“优酷HD”图标，进入优酷首页，它的界面设计很简洁，如图8-51所示。在首页的下方有8个主要的视频类型按钮，分别是“电影”、“电视剧”、“动漫”和“综艺”等，点击按钮以进行视频类型的切换。

图8-51 “优酷HD”主界面

2 优酷还提供了搜索功能，在右上角的“搜索栏”中编辑文字可以进行搜索，输入“非诚勿扰”，如图8-52所示，点击“搜索”按钮。

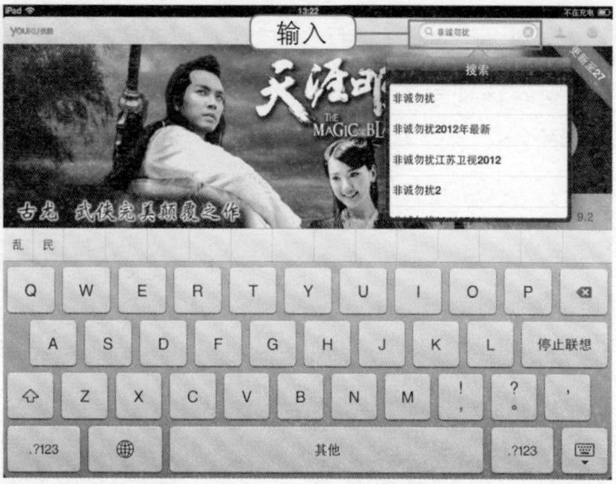

图8-52　搜索视频

3 出现搜索结果界面，点击其中一个，如图8-53所示。

图8-53　视频搜索结果

4 弹出视频详细信息窗口，点击“立即观看”，如图8-54所示。

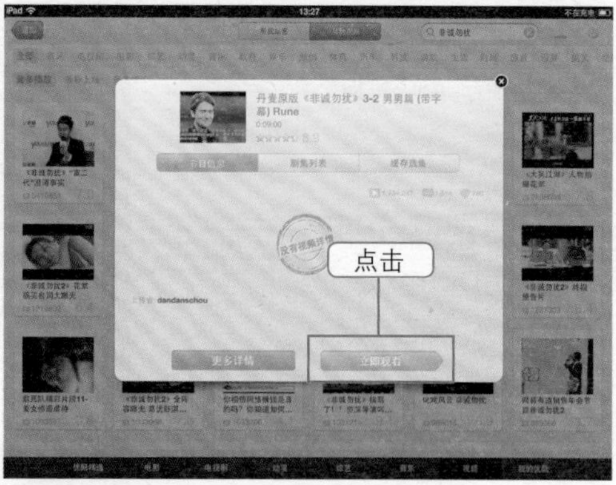

图8-54　视频详细信息窗口

5 等待缓冲完毕，就可以观看该视频了，如图8-55所示。

图8-55 视频播放界面

6 点击视频将出现控制界面，如图8-56所示。在播放过程中点击“暂停”按钮，可暂停影片的播放，滑动屏幕下方的进度条，可以实现影片的快进和快退。

图8-56 视频播放控制界面

注意：点击“设置”按钮，在弹出的“设置”窗口中，可以对影片的播放进行设置。

8.4.4 土豆视频

土豆网是一家大型视频分享网站，用户可以在该网站上传、观看、分享与下载视频短片。

1 点击主屏幕上的“土豆视频HD”图标，进入土豆首页，如图8-57所示。

图8-57 “土豆视频HD”主界面

2 同样，如果在首页中没有找到要观看的视频或影片，则可以点击底部“搜索”按钮，然后在搜索框中输入关键词，进行搜索，如图8-58所示。

3 在“搜索”列表中点击要观看的视频，如图8-59所示。

4 即可打开新的界面，显示该视频的详细信息及相关视频，点击“播放”按钮进行播放，如图8-60所示。

5 点击“播放”按钮左侧的按钮，可以将视频向后退30秒；点击屏幕右上角的“满屏”按钮，即可以满屏方式播放视频；点击“完成”按钮，可暂停视频的播放，并返回上一界面，如图8-61所示。

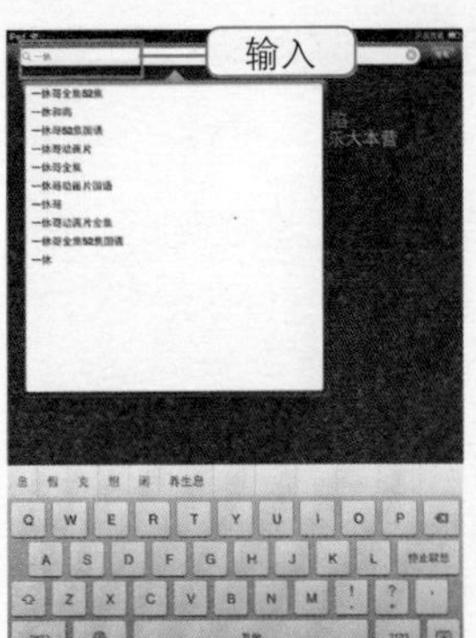

图8-58 “搜索”界面

图8-59 搜索结果列表

图8-60 视频详细信息界面

图8-61 视频播放界面

8.4.5 奇艺影视

爱奇艺原名奇艺，是最具价值的网络视频播放平台，是国内首家专注于提供免费、高清网络视频服务的大型专业网站。爱奇艺影视内容丰富多元，涵盖电影、电视剧、综艺等，给用户以最好的体验及最佳的视觉效果。

1 点击主屏幕上的“奇艺影视”图标，进入爱奇艺首页，可以看到该首页一共分为三大板块，上面部分为最新推出的视频，中间部分可以通过切换选项卡来浏览视频海报，下方的导航栏可以通过切换类别，来浏览相关视频，如图8-62所示。

2 点击导航栏中的“电影”按钮，即可进入电影页面，如图8-63所示。在该页面中可以按已划分好的类型、年份及地区搜索视频。用户可以通过海报显示区域左上角的按钮，以不同的显示方式浏览视频海报。

3 在搜索框中输入关键词，直接搜索视频，如图8-64所示。

4 在搜索后弹出的列表中，点击查找自己满意的视频后，点击该视频海报，即可播放，如图8-65所示。

图8-62 “奇艺影视”主界面

图8-63 “电影”界面

图8-64 视频搜索界面

图8-65 搜索结果界面

5 在播放视频的过程中点击屏幕，即可弹出与操作相关的各按钮。如果播放的是电视剧，则在屏幕下方显示出电视剧的集数，以方便用户直接进入某集进行观看，如图8-66所示。

图8-66 视频播放界面

此外，点击“暂停”按钮，可暂停视频的播放；滑动屏幕中的进度条，可以实现视频的快进和快退；点击“标清”按钮，弹出列表，以选择观看视频的显示模式；点击屏幕右侧的“详情”按钮，将弹出窗口，以供查看该视频的主要内容。

6 如果用户观看的是电影或综艺节目，则在屏幕的右侧还会有一个“下载”按钮，点击该按钮，即可下载该视频，以供离线时观看，如图8-67所示。

7 返回奇艺首页，点击屏幕右上角的“我的奇艺”按钮，即可弹出列表以供查看。其中，“播放记录”可以查看播放过的视频记录，如图8-68所示。

图8-67 综艺节目播放界面

图8-68 “我的奇艺”列表

8.5 游戏时间

介绍了这么多软件的使用，接下来我们休息片刻，看看New iPad都可以安装哪些游戏软件。

游戏是New iPad的一大杀手锏，New iPad可以让你感受甚至超越PC游戏的效果，其精美的画面、激烈的打斗、众多的谜团以及险恶的机关无一不令人惊喜。本节主要推荐几款比较精彩的游戏，这些有可以在App Store或者iTunes下载到。

8.5.1 水果忍者

水果忍者，英文名称为Fruit Ninja，是一款非常有趣的游戏。我们这里引用百度百科的介绍：“一款简单的休闲游戏，目的只有一个——砍水果！屏幕上会不断跳出各种水果——西瓜、凤梨、猕猴桃、草莓、蓝莓、香蕉和苹果等——在它们掉落之前要快速地全部砍掉！千万别砍到炸弹，不然就Game Over了”。下面我们来介绍一下这款游戏。

1 进入New iPad主界面，点击“水果忍者HD”，进入游戏的主页，看到主页面有5个圈，这个类似于按钮，芒果代表的“道场”负责水果刀的效果，草莓代表的“多人任务”是多人玩耍的模式，手指划过西瓜代表的“新游戏”开始新游戏，如图8-69所示。

图8-69 游戏选项界面

2 开始游戏后需要选择游戏模式，包括三种模式，如图8-70所示。

图8-70 “新游戏”选项界面

3 这里选择“经典模式”，游戏画面如图8-71所示。

图8-71 “经典模式”游戏界面

4 而进入“多人任务”→“经典招式”界面，在两人对打的同时，还可以点击自己右下角的雷。当雷不为灰色时，为可发状态，点击一下即可给对方发一颗雷，如图8-72所示。

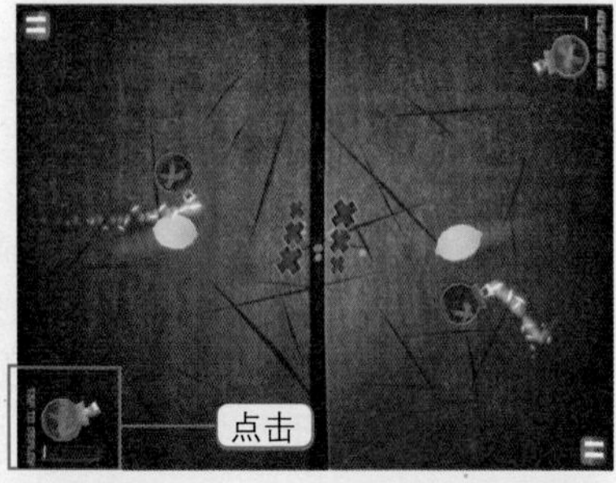

图8-72 双人“经典招式”游戏界面

8.5.2 RF12（实况足球）

RF12（实况足球2012）带给您逼真的足球体验。其全新的游戏玩法，在New iPad上史无前例。高清美术和动画所带来的视听盛宴定能让该系列的忠实粉丝心旷神怡。想成为新的大卫·比利亚吗？在这精彩纷呈的运动模拟游戏中，下一个世界足球的冠军就是你！

RF12采用全新的视觉效果，历史模式，14个联赛350支队伍，FIFPro授权的球员真实资料。其全新的模式包括，Club Master：足球经理；Legend：使用一个球员创造属于您的历史；EPIC Match：用蓝牙或Wi-Fi挑战您的朋友。动态摄像角度，让您感觉就像在看电视直播一样。

1 下载“RF12”并安装完成后，进入New iPad主界面，点击“RF12”进入游戏初始界面，如图8-73所示。

2 我们选择进入法国和英格兰的比赛，这是“LIV”和“FIR”之间的比赛，如图8-74所示。它采用全新的视觉效果，多达350支队伍及14大赛事，并都有真实存在的球员参与其中。

图8-73 游戏初始界面

图8-74 游戏界面

注意：点击屏幕任意位置开始进入游戏，您可以在英、法、意、葡、巴西和阿根廷等联赛中寻找喜欢的球员，另外还有英国、法国、意大利、葡萄牙、巴西和阿根廷国家队供选择。

8.5.3 极品飞车

极品飞车（Need for Speed：Hot Pursuit）最新版热力追踪也登录New iPad了，完全对应New iPad的大屏幕，炙热的竞赛让你爽翻天！

游戏提供多种模式，包括警车追匪，双人竞速，有超过15种以上的特殊警车，还有全世界各大知名厂商的经典名车。要感受极品飞车最新最炫最极限的游戏画面，尽在New iPad极品飞车！

1 下载“极品飞车”并安装完成后，进入New iPad主界面，点击“Hot Pursuit”，进入游戏您可以选择“开始职业车手生涯”或直接“参加赛事”等，如图8-75所示。

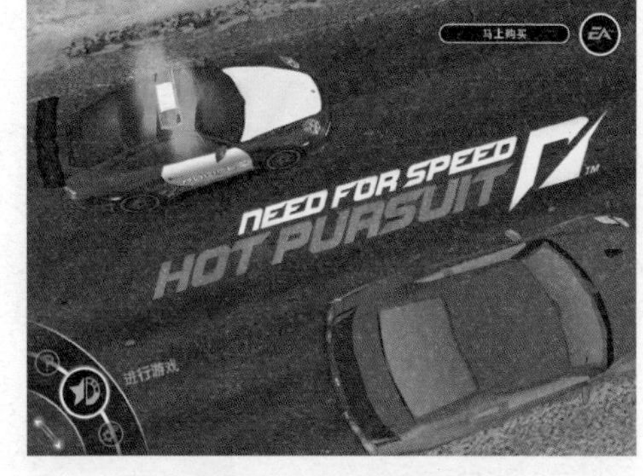

图8-75 游戏选项界面

2 赛车手赛车界面，如图8-76所示。New iPad采用重力感应让您体验逼真的赛车。刺激的比赛，逼真的场景，酷炫的屏幕，您是不是陶醉其中了呢？

图8-76 游戏界面

第9章

New iPad越狱

拥有New iPad的人，或多或少都会在“越狱”这个问题上纠结。到底越不越呢？该如何越呢？读完本小节的内容，相信你会有所收获。

9.1 越狱之前的准备

想越狱，不难，几分钟的事儿！但前提是必须准备充分，否则越狱会让用户焦急难安！

9.1.1 越狱利弊知多少

用户刚买回来的New iPad通常是封闭式的，无法获得New iPad操作系统的root权限，因此也无法将一些好玩、好用的软件安装至New iPad中。用户只能通过iTunes里的iTunes Store购买，这种方式使得很多用户被桎梏在苹果的管辖范围内。

越狱，是指通过指令取得iOS的root权限，然后改变一些程序使New iPad的功能得到加强，突破New iPad的封闭式环境。

越狱的利和弊如表9-1所示。

表9-1 New iPad越狱的利弊

越狱后用户可以进行以下操作	越狱的弊端
DIY自己的New iPad	在使用一些破解软件时，可能会与系统不兼容，导致产生白苹果现象
安装需要的输入法，使输入文字时更快	越狱后的系统会出现一些漏洞，一些不法分子会利用这些漏洞安装一些盗号程序，如盗取QQ号、信用卡的账号和密码等
实现多个应用程序之间共享文件	如果没有备份SHSH文件，则无法再恢复旧版本

因此，越狱不是必须的，但越狱后的New iPad能够使用更多的软件。

不过黑客们会破解一些iTunes Store中原本收费的软件，供越狱用户免费安装，为了保护自己和他人的利益，提倡大家保护版权，远离盗版。

9.1.2 查看新New iPad固件版本

固件版本不但与New iPad所拥有的功能有关联，和越狱所需采用的方法也是分不开的，因此需要先查看New iPad的固件版本信息。

1 在New iPad主屏幕上点击“设置”图标，在设置界面左侧点击“通用”选项，并点击右侧选项中的“关于本机”，如图9-1所示。

图9-1　通用设置选项

2 在“关于本机”界面中的“版本”选项下，便可以看到New iPad的版本信息，如图9-2所示。

图9-2　“同步通讯录”选项

目前，支持完美越狱的New iPad版本为iOS 5.1.1，因此，如果用户所使用的固件不是5.1.1版本的固件，则可根据下面9.1.3节所介绍的操作进行固件升级。

9.1.3 备份SHSH文件

备份SHSH文件，对越狱来说是十分重要的。其主要目的在于固件升级后还能够恢复到原来的固件版本，以防止升级后的固件版本无法完美越狱。

备份SHSH文件，需要在计算机中下载并安装iTools软件，下载地址为：http://itools.hk/cms/index.htm。

1 使用数据线将New iPad与电脑连接，同时保证电脑可以正常上网，当New iPad成功连接后，在电脑中运行下载的iTools软件，在左边列表中单击“SHSH管理”选项。然后，在右侧列表中单击识别出的New iPad名称“copymouse”，再单击“开启TSS服务”按钮，如图9-3所示。

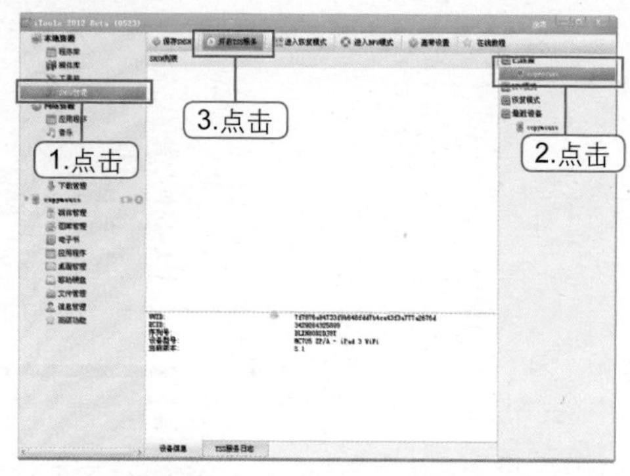

图9-3 iTools软件主界面

2 软件将自动获取SHSH文件，单击“保存SHSH”将开始进行备份。备份成功后，软件界面如图9-4所示。

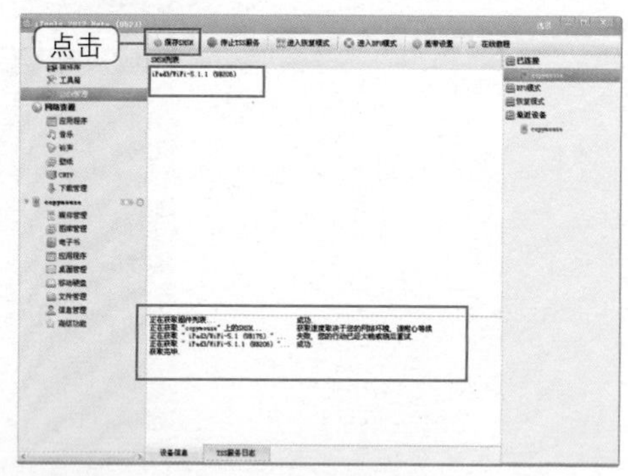

图9-4 备份成功界面

9.1.4 升级固件版本

固件，通俗地说可以被认为是New iPad的操作系统（iOS），就像电脑中的Windows XP，如果一台New iPad中没有固件，那么New iPad就像是一台没有操作系统的计算机，什么事情都做不了。

苹果公司每隔一段时间会发布新的New iPad固件，这些固件是在原有的版本上添加了某些功能或修复了某些漏洞。有了新功能，是否需要立刻体验一下？那就进行固件的升级吧。

1 使用数据线将New iPad与电脑连接，之后在计算机中运行iTunes，在左侧点击识别出的New iPad，点击右侧的“摘要”按钮，并在下面的“版本”选项中点击“更新”，如图9-5所示。

图9-5　iTunes“摘要”界面

2 弹出“iTunes”对话框，提示用户先备份资料库中已购买项目，这里单击“继续”按钮，如图9-6所示。

图9-6　“iTunes”对话框

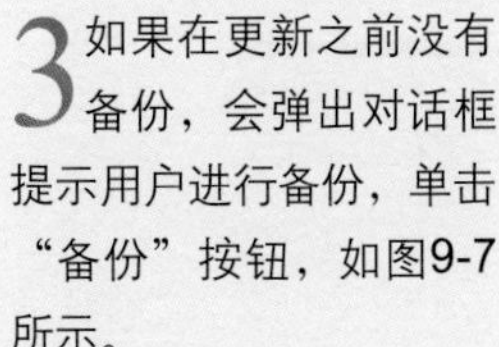

3 如果在更新之前没有备份，会弹出对话框提示用户进行备份，单击“备份”按钮，如图9-7所示。

图9-7　“iTunes”对话框

4 备份完成后弹出要求用户进行更新的对话框，这里单击“更新”按钮，如图9-8所示。

图9-8　“iTunes”对话框

5 弹出“iPad软件更新”对话框，单击“下一步”按钮，如图9-9所示。

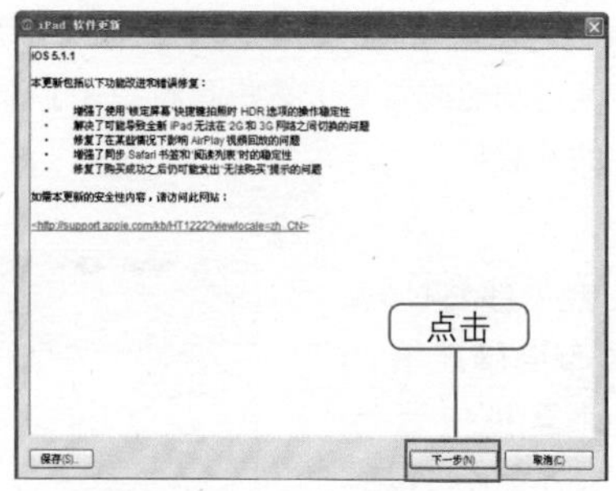

图9-9 “iPad软件更新”对话框

6 之后询问用户是否同意软件更新的许可协议，这里单击“同意”按钮，如图9-10所示。

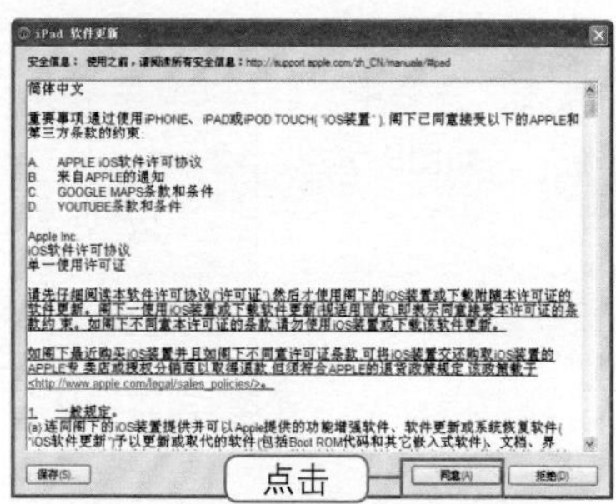

图9-10 “iPad软件更新”对话框

7 片刻之后再次弹出“iTunes”对话框，提示用户已恢复出厂值，需要重启New iPad，这里单击“确定”按钮，如图9-11所示。

图9-11 “iTunes”对话框

8 重启后，可以按照上一小节介绍的方法，在New iPad上查看更新后的版本信息，如图9-12所示。

图9-12 “关于本机”界面

如果之前New iPad已经越狱，则固件升级后为未越狱状态，需要重新越狱。所以，固件升级前要确认一下要升级到的固件版本是否已经可以完美越狱。

9.2　开始越狱

一切准备工作就绪，就可以正式开始越狱了。首先，需要在电脑上下载完美越狱工具Absinthe 2.0.2的Windows版本，下载地址：http://da.91rb.com/pc/absinthe-win-2.0.2.zip。然后将New iPad连接电脑，并保持开机状态。

在正式越狱前，还需要提醒大家注意以下事项：

- 关闭防病毒软件，以防越狱工具出现莫名其妙的错误；
- 用台式机的用户尽量将USB线缆插在机箱后面的USB插口上；
- 保证New iPad有充足的电量；
- 解除New iPad屏幕密码锁定，等越狱完了之后再重新设定密码锁屏。

1 下载Absinthe 2.0.2后，将其解压，得到两个文件，如图9-13所示。

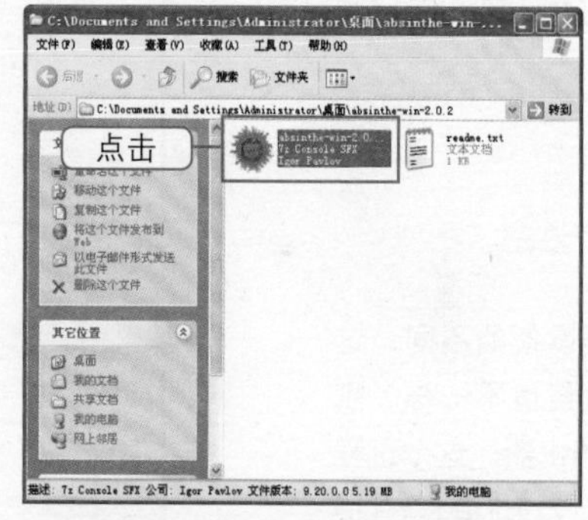

图9-13　解压Absinthe 2.0.2

2 点击运行“absinthe-win-2.0.2.exe”，这时候电脑上会显示如图9-14所示的命令行，静待命令行自动结束。

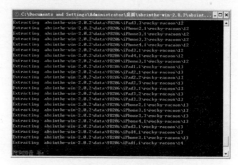

图9-14　提示命令行

3 命令行结束后，在这个文件夹下还将出现第三个文件，点击进入这个文件，会看到另一个Absinthe，点击运行“absinthe.exe”，如图9-15所示；

图9-15　运行新出现的Absinthe

4 在弹出的对话框中，单击“Jailbreak”按钮，如图9-16所示，越狱就正式开始了，这时iPad设备的顶部上会出现同步的标志。

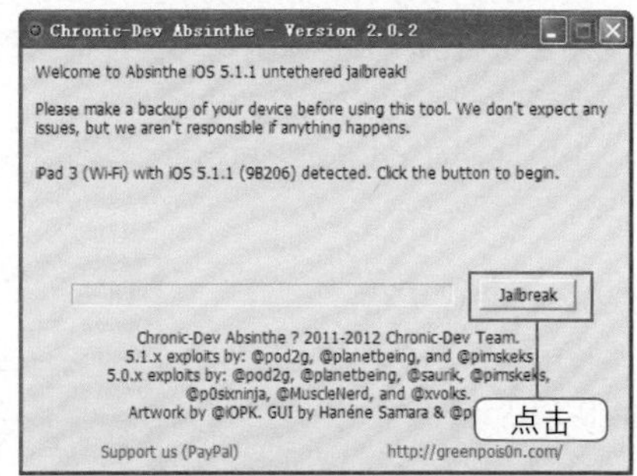

图9-16　“Absinthe 2.0.2”对话框

5 根据设备的不同，这个过程也不一样。刚刚刷过的机器，这个过程很快，而如果iPad里有很多程序文件，那么这个过程将会很漫长。静待进度条走完，一定要耐心，如图9-17所示。

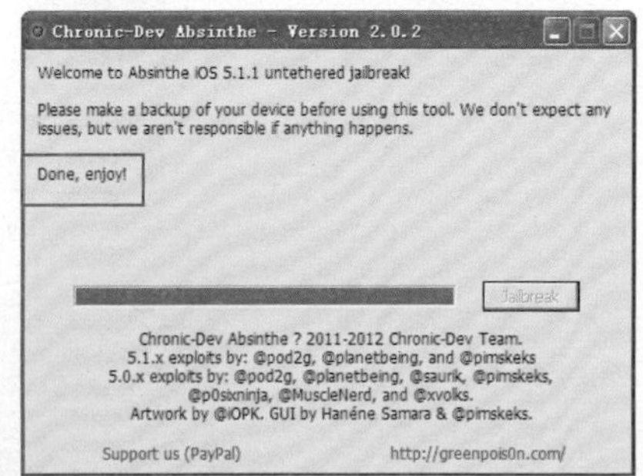

图9-17　越狱完成

Absinthe程序将自动完成数据写入、重启、引导越狱等步骤，需要几分钟的时间，耐心等待进度条完成。刷新数据的过程中，请不要拔线，请不要操作iPad设备。

6 越狱完成后，设备将自动注销，注销后，New iPad屏幕上就会出现一个完整的Cydia图标，如图9-18所示。

图9-18　Cydia图标

Cydia是一个类似苹果在线软件商店iTunes Store的软件平台的客户端，它是在越狱的过程中被装入到系统中的，其中多数为New iPad或iPhone、iPod Touch的第三方软件和补丁。

9.3　越狱后的那点儿事

越狱成功了，还需要进行一些后续工作。

9.3.1　安装软件源

1 点击New iPad主屏幕上的“Cydia”图标，进入Cydia程序。点击“用户”按钮，再点击“完成”按钮，如图9-19所示。

2 点击Cydia界面右下角的“软件源”按钮，如图9-20所示。

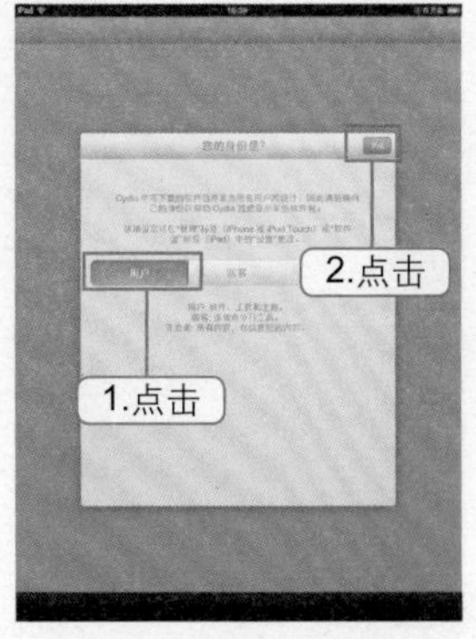

图9-19　“您的身份是”界面

图9-20　“Cydia”主界面

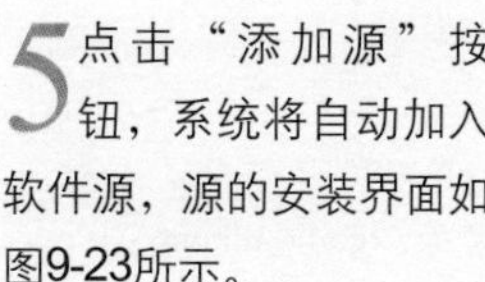

3 在“软件源”界面点击“编辑”按钮，如图9-21所示；

4 点击“添加”按钮，在弹出的对话框中输入Cydia地址“http://apt.91.com”，如图9-22所示。

图9-21 “软件源”界面

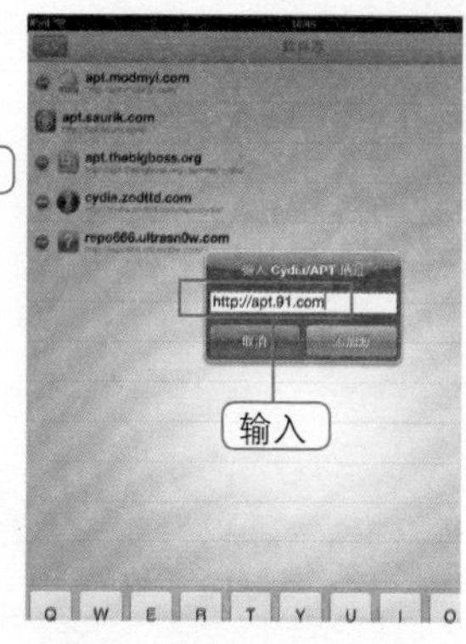

图9-22 “输入Cydia/APT地址”窗口

5 点击“添加源”按钮，系统将自动加入软件源，源的安装界面如图9-23所示。

6 安装完毕后，点击“回到Cydia”，即可看见刚才添加的软件源“91手机娱乐”，点击进入该软件源，如图9-24所示。

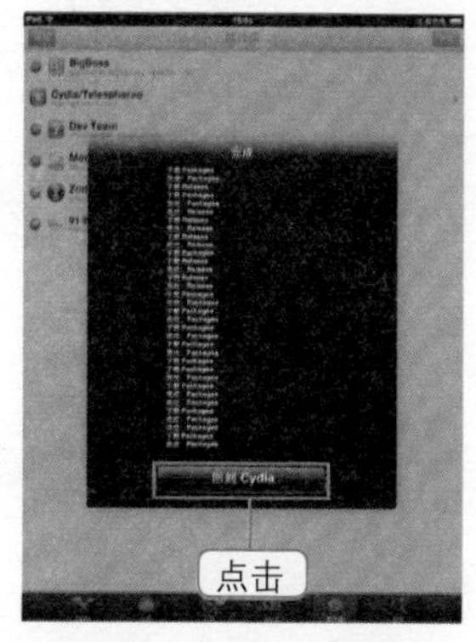

图9-23 安装软件源界面

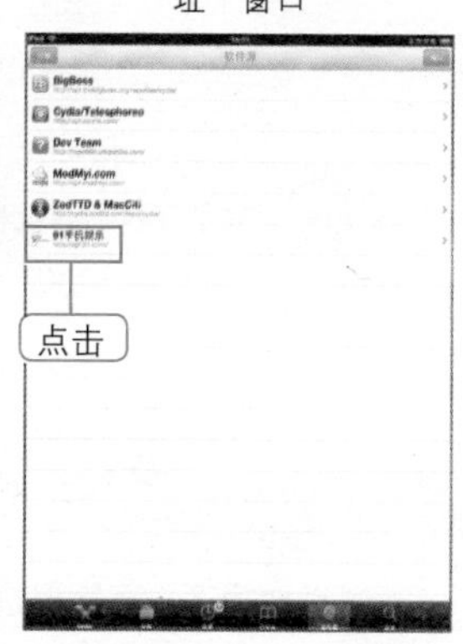

图9-24 添加后的软件源

注意 点击“添加源”按钮后，若弹出一个警告窗口，请无视它，点击“仍然添加”按钮即可。

7 找到并点击“AppSync for iOS 5.0+”选项，安装软件，如图9-25所示。

8 点击“安装”按钮，即可安装该软件，如图9-26所示，至此，已经基本实现了New iPad的完美越狱。

图9-25 “91手机娱乐”界面

图9-26 “详情”界面

注意　Cydia在安装软件源时，完成载入的速度与网速有关，如果在载入时不能成功载入，可选择再次安装。

9.3.2 重回未越狱状态

越狱之后，风险也会随之而来，例如，一些盗号软件乘虚而入，盗取用户的QQ账号、信用卡账号等。为了防止恶意软件被下载，不建议用户进行越狱。如果用户越狱后后悔了，可以重新回到越狱前的状态。

注意　重回未越狱的状态也就意味着重新对New iPad的固件进行更新或者恢复出厂设置，New iPad中的资料会全部丢失，因此在此操作之前，可以先使用本书前面介绍的方法对New iPad中的资料备份。

备份之后，就可以进行恢复了，在恢复之前，要在电脑中下载相应的New iPad固件。

1 使用数据线将New iPad与电脑连接，在电脑中运行iTunes软件，选中连接上的设备后，在“摘要”选项卡下，按住“Shift”键的同时，单击“恢复”按钮，如图9-27所示。

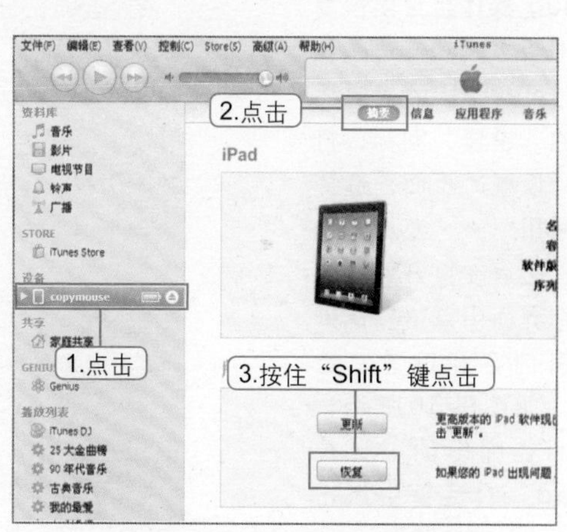

图9-27　iTunes“摘要”界面

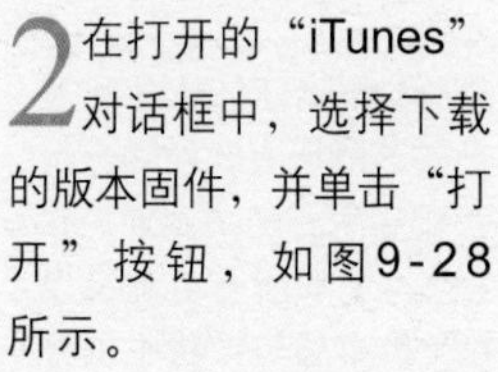

2 在打开的“iTunes”对话框中，选择下载的版本固件，并单击“打开”按钮，如图9-28所示。

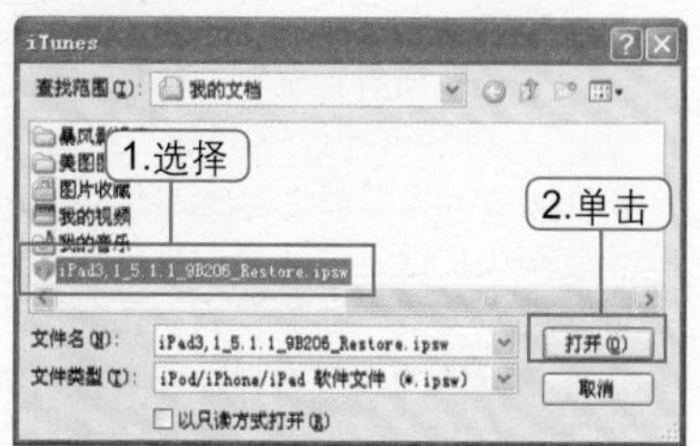

图9-28　“iTunes”对话框

3 在弹出的提示对话框中，单击“恢复”按钮即可，如图9-29所示。

图9-29 “iTunes”对话框

注意 恢复之后所有的数据和设置都会被删除掉。

9.3.3 系统初始化的简单方法

其实，不需要使用iTunes，直接在New iPad上操作也可以恢复固件版本。其方法是：点击New iPad主界面中的“设置”图标，打开“设置”页面，选择“通用”→“还原”选项，之后在打开的“还原”界面中点击“抹掉所有内容和设置”选项，如图9-30所示，然后在弹出的“抹掉iPad”对话框中点击“抹掉”按钮即可。

图9-30 “还原”选项界面

注意 “还原所有设置”：将所有设置恢复到出厂值，不删除任何软件和数据；“抹掉所有内容和设置”：执行该操作后，自己安装的所有软件和进行的New iPad设置都将会被清除；“还原网络设置”：删除所有网络设置，并恢复至出厂值；“还原键盘字典”：将删除用户在键盘中的所有自定义设置，并将键盘字典恢复到默认的出厂值；“还原主屏幕布局”：将主屏幕还原为默认的出厂布局，及各种系统自带应用的摆放位置；“还原位置警告”：将用户的位置警告恢复到默认的出厂值。

第10章

New iPad人气配件选购

随着New iPad的流行，其各种配件也备受追捧。本章就为用户介绍相关配件，同时提供一些挑选的技巧。

本章介绍的配件大多是国外产品，随着New iPad行货在国内上市，大家会有更多可供选择的配件。

10.1 底座

想玩转New iPad，解放双手很有必要。虽然New iPad十分炫酷，但是长时间握在手里或放在大腿上使用，无论手还是脖子都会很累。在购买New iPad的同时配上一个支架或底座，可以使New iPad从此站起来。

10.1.1 普通底座

普通底座指的是仅支持将New iPad放置其上的底座，并没有太多的附加功能，普通底座虽然看起来简单，但其中也有很多的玄机。

- **官方版：New iPad Dock　参考价格：RMB 219元**

New iPad并没有棱角分明的风格，倒是更像一个放大的iPod Touch，整个边缘圆润顺滑，也就拿得更顺手。把New iPad架在New iPad Dock上，十分贴合机器的边缘，并且增加了倒勾的设计，如图10-1所示。

New iPad Dock还支持其他iPad配件，如iPad Dock Connertor to VGA Adapter和iPad Camera Connection Kit等，用户甚至可以在充电时把它当做相框使用，如图10-2所示。

图10-1　New iPad Dock底座

图10-2　将New iPad插在Dock底座上

下面介绍New iPad Dock的使用方法：

❶ 用New iPad随附的USB线缆将此基座连至电脑，可同步New iPad并为其电池充电。

❷ 用New iPad随附的New iPad 10W USB电源适配器将此基座连至电源插座，可为New iPad电池充电。

❸ 用此基座以完美的角度托起New iPad，可以用蓝牙键盘写电子邮件、记笔记，或者观看您最钟爱的视频、照片或幻灯片。

❹ 用兼容的线缆（例如iPad Dock Connertor to VGA Adapter、Apple Component AV线缆或Apple Composite AV线缆）将此基座连至电视或视频放映机。

❺ 用AV线缆或立体声频线缆将此基座连至立体声音响设备或扬声器，播放New iPad中的音乐。

- **经济实用型　参考价格：RMB 70元**

这是UG-H1019 iPad/iPad 2/New iPad Tablet立卧多向式折叠型支架。在未使用时，可以折成一个长方体的盒子，便于携带，如图10-3所示。轻量可折合的底座拥有Apple设计质感。New iPad可以横立与直立于此折合底座上，折出的脚架可以稳固地让用户在上面进行输入操作。

图10-3　UG-H1019 New iPad Tablet立卧多向式折叠型支架

简捷快速的折合设计、轻盈的质量（约130克）以及低廉的价格，符合时常需要外出的用户，如图10-4所示。

图10-4　将New iPad插在UG-H1019支架上

10.1.2 键盘底座

对于不习惯New iPad上的虚拟键盘的朋友来说，买一个带硬件键盘的底座能起很大的帮助作用。

- **Apple Wireless Keyboard　参考价格：RMB 548元**

超轻薄的Apple Wireless Keyboard无线无挂，使用蓝牙技术，可与New iPad完美兼容。因此，用户可以在接收范围内随处移动键盘，无线地输入文字，其超薄

和紧凑的设计可节省更多的桌面空间，如图10-5所示。

Apple Wireless Keyboard可以放在桌上，膝盖上或者New iPad周围30in（英尺）内任意位置，因为它内置了蓝牙技术。其紧凑设计比全尺寸键盘节省24%的桌面空间，让用户有更多的空间可以移动键盘和鼠标，可以随心所欲地输入，如图10-6所示。

图10-5 Apple Wireless Keyboard

图10-6 使用Apple Wireless Keyboard输入

Apple Wireless Keyboard只需两节AA电池，它的智能电源管理系统可延长电池寿命。用户不使用键盘时，它会自动断电，一旦您开始键入，它会立即恢复供电，如果要长时间离开电脑，可以使用开关来开启/关闭键盘。

- **让New iPad变身超薄本　参考价格：RMB 700元**

“Keyboard Case for iPad”键盘底座是由罗技和保护套厂商ZAGG联手生产的，不仅能够横放和竖放还可以提供10种不同的角度的支撑，其整体的设计思路就是要让New iPad变身为一款超薄笔记本，尤其是在横放的情况下，这样的感受最为突出，如图10-7所示。

图10-7 Keyboard Case for iPad

罗技“Keyboard Case for iPad”键盘底座套装当中还包括了蓝牙键盘，用户可以直接使用这款蓝牙键盘来为自己的New iPad进行输入，非常方便。这款产品还为用户提供了USB电池充电服务，如果用户只需要一个保护套，那么将该底座收起来就是一个简单的New iPad保护外套，再加上防滑的软垫能够为用户提供使用时的安全保障。

整体来看，感觉与苹果MacBook Air超薄笔记本差不多，如图10-8所示，该底座的重量为345g。

图10-8 酷似苹果MacBook Air超薄笔记本

10.1.3 音箱底座

音箱底座是更为酷炫的底座了，囊括了底座和音箱的功能，可谓一举两得，性价比很高。

- **台湾Keydex音箱底座 参考价格：RMB 350元**

首先要介绍的是台湾Keydex出品的UG-H1020 New iPad音箱底座，它是不包含Apple iPad Keyboard Dock的，它只是一个音箱附件。打字的时候，New iPad还是直接插在苹果出品键盘底座上的，Keydex UG-H1020配合苹果的键盘再架上New iPad以后，整个风格显得稳重多了，如图10-9所示。

单独用苹果键盘底座的时候，总是感觉很单薄。Keydex UG-H1020的主要功能还是作为一个New iPad音箱，New iPad自带的扬声器确实很弱，欣赏音乐的时候有外接双声道大功率自然效果更好。

另外还能把New iPad横着立在这个底座前方，这样适合欣赏电影和视频。也可以把两边的两个喇叭当支架，变成输入文字的模式。不过这些时候都无法使用到键盘，扬声器也将失去作用，如图10-10所示。

图10-9 Keydex音箱底座

图10-10 将New iPad架在Keydex音箱底座上

- **能屈能伸：New iPad底座DS-1008　参考价格：RMB 499元**

随着苹果用户对其音响配件要求日渐提高，人们不再限于单一的音箱功能产品，更需要新概念一体化立体声音响系统。DOSS DS-1008实现了一系列专为New iPad开发的功能，将可活动支架、高音质音响底座及iPodDock接口等集于一身，如图10-11所示。

DS-1008的外部尺寸为168mm×200mm×222mm，采用了ABS高分子进口材料注塑外壳，加上磨砂工艺，由内而外焕发着时尚魅力，而“十字架”结构设计配合支架内侧橡胶防滑材质和固定的卡扣，能使New iPad的放置更加稳固。

作为一款New iPad专属的音响底座，DOSS DS－1008的功能都围绕着New iPad日常应用来设计，譬如逆时针旋转90° 、可上下调整角度的支架，可以满足New iPad用户对屏幕不同视觉角度的需要，无论是横平竖直还是高低，都能让用户获得最好的观影角度，以及最佳的游戏视野。

图10-11 DOSS DS－1008音响底座

10.2　漂亮又实用的外衣

New iPad现在成了很多人的必备工具，如果希望随身携带它，一直让它“裸奔”可不是什么好想法。所以，在购买主机的同时，入手相应的保护套件是非常必要的。这就为您的New iPad选购一款“外衣”吧！

10.2.1　保护套

在购入心爱的New iPad之后，为其添加一个保护套，可以在一定程度上保护New iPad，防止New iPad被磨损坏。同时，时尚个性的保护套还可以让New iPad更精彩。

- **官方版：iPad Smart Cover　参考价格：RMB 450元**

New iPad的纤薄和精致令人叹为观止，为何要用厚重的保护套将它包裹起来呢？Apple公司设计的Smart Cover和New iPad堪称天作之合。纤薄坚固的Smart Cover能保护New iPad屏幕，却不遮盖其耐用的铝制机背，如图10-12所示。因此，New iPad保留其外观和触感的同时，仅仅增加了一层保护。内置磁铁让Smart Cover和New iPad彼此吸引以及完美契合，它不仅提供保护，还能唤醒、支撑和扮靓New iPad。

图10-12　iPad Smart Cover

Smart Cover能让New iPad做到的事情，其他保护盖却无能为力，闭合Smart Cover，New iPad则自动进入休眠状态。打开保护盖可即可唤醒New iPad，无须点按任何按钮。Smart Cover不仅能保护New iPad，还可让它做好准备，便于随时使用。

更棒的是，Smart Cover还是免提视频通话、看视频、玩游戏和上网的全能伴侣。经过巧妙折叠，就能迅速获得让Smart Cover保持直立的支架，如图10-13所示。

如果用户更喜欢将New iPad握在手中，Smart Cover会像杂志内页般翻到机身后面，毫不妨碍操作。如果想随机拍摄HD视频，Smart Cover可以折叠成原来的一半大小，将后置摄像头显露出来。

图10-13　Smart Cover是New iPad的全能伴侣

总共有10款亮丽色彩供您选择，如图10-14所示。其中，左边五款是聚氨酯保护盖，右边五款为华贵的苯胺染色意大利皮革材质。

图10-14　Smart Cover有10款色彩可供选择

皮质Smart Cover是用经自然处理的高品质材料制作而成，色彩来自鲜艳的苯胺染色工艺。某些颜色可能在使用过程中出现褪色。

无论选择哪种颜色，当用户将New iPad装进包里、放于桌上或夹在臂弯下，Smart Cover都能与New iPad牢固贴合在一起。由于在您移动过程中，微纤维衬里可轻轻擦拭一切污迹或手指印，因此当您到达目的地时，New iPad总能光洁如新！

- **复古华丽风　参考价格：RMB 169元**

时下丝绒New iPad保护袋并不多，能够将丝绒的华贵和简约风格结合的恰到好处的更是屈指可数。OZAKI “iCoat Velvet” New iPad系列保护袋采用了奇特的袖筒般的造型，结合手感细腻的丝绒材质，特别诠释了实用性与华丽感的巧妙结合，如图10-15所示。

图10-15　Smart Cover有10款色彩可供选择

深色系的背景，采用了黑边、橘边和绿边三色的配搭，细节的差异给各种服饰提供更多适配选择。

- **可旋转屏幕的Folio360 iPad保护套　参考价格：RMB 389元**

来自Joy Factory的官方型号为Folio360 III for The new iPad（如图10-16所示）的保护套的主要特点，是可以让New iPad在皮套支架上旋转，大部分的保护套产品都只支持横向放置New iPad，苹果New iPad上却又有很多的软件是针对竖向设计的，这时候普通的New iPad保护套就无能为力了。

Folio360 III上New iPad的支架部分和保护套外壳是可分离的，通过一个圆形转盘连接，这个转盘能让New iPad在保护套上进行360° 的旋转，如图10-17所示。Folio360 III其他的地方和普通New iPad保护套没啥区别，支持多种倾斜角度调节，支持文字输入模式，也支持New iPad的激活休眠功能。

图10-16　Folio360 III for The new iPad保护套

图10-17　将New iPad装上Folio360 III保护套

10.2.2 屏幕保护

作为一款全触控的平板电脑，硕大的液晶屏幕当然是要额外呵护，用户是不是想为New iPad加上一层保护膜，让爱机远离指纹和划痕的困扰呢？拒绝受伤，就从贴膜开始吧。本节为大家介绍几款保护贴膜，并提供一点贴膜的技巧。

- **New iPad磨砂膜　参考价格：RMB 88元**

屏幕受损是不可避免的，所以为New iPad贴上一个合适的保护膜，是必不可少的。普通屏幕保护膜仅仅起到防灰尘的作用，稍好一点的有一个水晶防刮涂层，能起到防刮花的作用，最好的屏幕保护膜是掺入金属元素，起到隔绝电磁波，降低电磁辐射等作用，同时可以减少长时间观看屏幕产生的炫目感，也可用于有效保护电脑屏幕。

如图10-18所示，这款屏幕保护膜是磨砂面的，柔软度也是非常适宜的。当然它跟New iPad屏幕正好合适，贴上保护膜就可以避免刮伤屏幕表面。

图10-18　New iPad磨砂膜

- **S-View屏幕膜　参考价格：防指纹/防细菌RMB139元；防偷窥RMB 269元**

S-View系列贴膜以其高品质的专业度、优质的材质和透光率以及各种性能的系列，在苹果粉丝中得到了很不错的口碑，如图10-19所示。

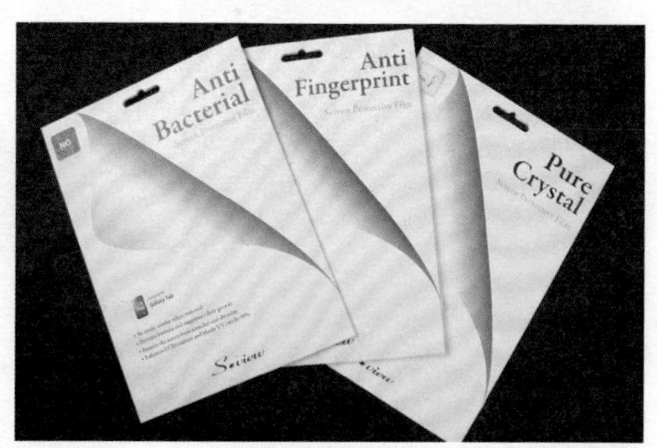

图10-19　S-View系列贴膜

S-View防偷窥保护贴膜采用了百叶窗微结构技术，仅允许从正面看到屏幕显示信息，只要视角超过30°，将保证不可能看到屏幕显示信息。同时，S-View防偷窥保护贴膜还拥有防划、防辐射、防偷窥、防晕光的功能。S-View防偷窥保护贴膜硅胶层有30um（微米）厚，见光可以自动启动防紫外线功能，有效保护视力。

贴膜技巧

买了中意的贴膜，还得需要好的技术才能使贴膜完美化。谁都不希望自己精心购买的贴膜起不到实际的作用，但是贴膜确实是个技术活，这个过程中需要细心并按流程一步步操作才能达到自己想要的效果。所以本节介绍一些贴膜技巧，让用户的贴膜过程更具技术性。

1 先清理干净手上灰尘、油渍等。这个不用多说，手都油兮兮的，怎能让New iPad屏幕干净？

2 在没有风的室内用干净柔软的布将屏幕擦干净，保证屏幕上没有灰尘，如图10-20所示。如果屏幕实在太脏，可以沾点无腐蚀性的清洁液进行清洁，不要使用酒精和其他一些腐蚀性强的液体清洁New iPad屏幕。清洁完后等待其完全晾干。

图10-20　首先清洁New iPad屏幕

3 撕开保护膜，从HOME键缺口所在的那一边开始揭起，如图10-21所示。然后将缺口对准HOME键，对齐最上边和左右的金属边贴下贴膜。

图10-21　从HOME键缺口边撕开保护膜

4 在贴膜时，尽量要保持匀速，出现气泡等请稍稍往回拉一下，保证贴膜表面无气泡。用尺子慢慢地将贴膜一点一点地按压在New iPad表面，这种情况下产生气泡的可能性会小很多。

5 贴完后，再进行部分区域气泡的修复。用刚刚擦屏幕的软布包住，用硬卡片、信用卡等慢慢的压住出力，把气泡刮出边缘，如图10-22所示。

图10-22　刮出所产生的起泡

6 如果表面上有灰尘小颗粒等，请揭开所在区块，用胶布等将颗粒粘

上来，然后再将贴膜贴好。此步骤需要用户在刚开始的时候把New iPad清理干净。

以上步骤完成之后，New iPad的贴膜就大功告成，如图10-23所示。耐心一些就很容易为New iPad完美贴膜。

图10-23 为New iPad贴膜成功

10.3 其他官方可选配件

除了市面上各个厂商为New iPad设计的各款配件，苹果公司也为New iPad量身定做了很多配件，有喜欢全套产品都来自同一厂家的用户，可以选购一些苹果的配件，让New iPad全身上上下下都是苹果货!

- **Apple Digital AV Adapter**

全新的Apple Digital AV Adapter为买New iPad的画面同步镜像。只要将Apple Digital AV Adapter（须单独购买）与New iPad相连，就能用起居室的HD高清电视欣赏视频，利用会议室的HD高清投影屏幕做演示，也能使用New iPad教育应用程序为全班学生授课，如图10-24所示。

图10-24 利用Digital AV Adapter连接电视机

只要接入Digital AV Adapter，即可使用，就这么简单，不必费力设置或搞定配置。这款转接口还支持音频播放，因此，可专注于要向观众展示的内容。

将转接口的一端接入New iPad的30针接口，另一端接入HDMI线缆，再将线缆接入高清电视或投影仪，或使用其他兼容HDMI的屏幕。转接口的另一个30针接口可连接USB线缆，能同时为New iPad充电，不用再担心New iPad会在演示或视频播放中途没电了，如图10-25所示。

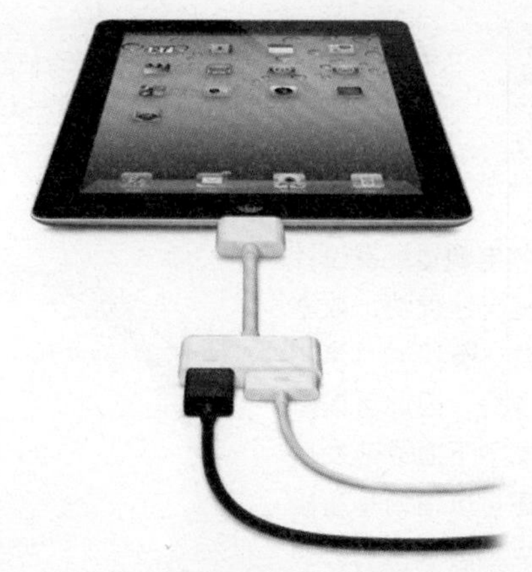

图10-25　演示或视频播放时能为New iPad充电

- **iPad Camera Connection Kit　参考价格：RMB 219元**

有了iPad Camera Connection Kit，可通过两种方法从数码相机导入照片和视频：使用数码相机的USB线缆或直接从SD卡导入。New iPad支持包括JPEG和RAW在内的标准照片格式，以及包含H.264和MPEG-4的SD和HD视频格式。因此，一旦拍下照片或视频，即可将其从相机传送到New iPad上，如图10-26所示。

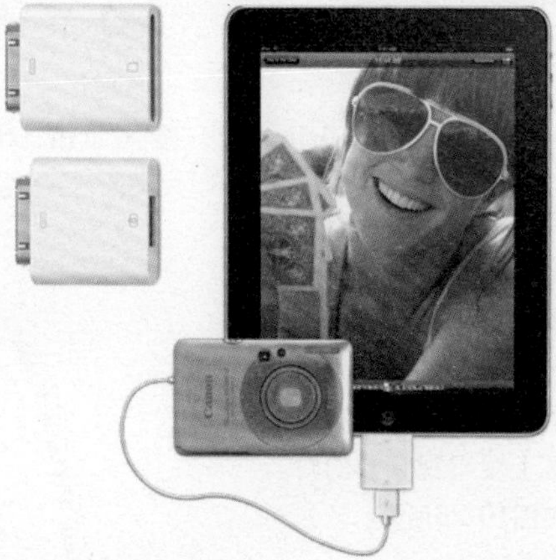

图10-26　使用iPad Camera Connection Kit连接数码相机

使用iPad Camera Connection Kit，可以轻而易举地将照片和视频从数码相机下载到New iPad，这样就可以在炫美的New iPad显示屏上观看，与家人和朋友共同分享。

- **iPad 10W USB Power Adapter　参考价格：RMB 219元**

在家中或在旅途中，或者在New iPad未与电脑相连时，都可以使用这款小巧方便的USB电源适配器给New iPad充电。可将此适配器直接与您的New iPad、New iPad Dock或New iPad Keyboard Dock相连，如图10-27所示。

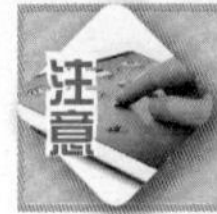

iPad 10W USB Power Adapter可使您通过电源插座直接对New iPad充电。而且6ft（英尺）长的电源线可使用户从较远的距离对它进行充电。

此款电源适配器设计小巧，充电速度快、效率高，带有一条1.8m（米）长的电源线，因此可以将它插在桌子下面或沙发后面。它还可以借助基座接口为New iPad和所有iPad机型充电。

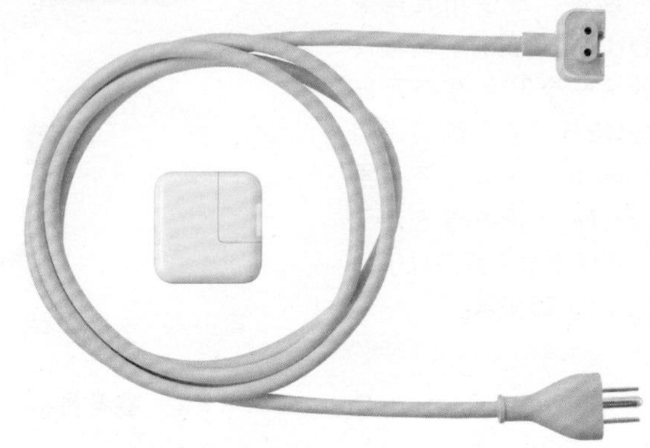

图10-27 iPad 10W USB Power Adapter

- **Apple VGA Adapter　参考价格：RMB 219元**

用New iPad Dock Connector to VGA Adapter把New iPad连到电视、投影仪或VGA显示器，这样就可以在宽大的屏幕上观看视频和幻灯片，如图10-28所示。

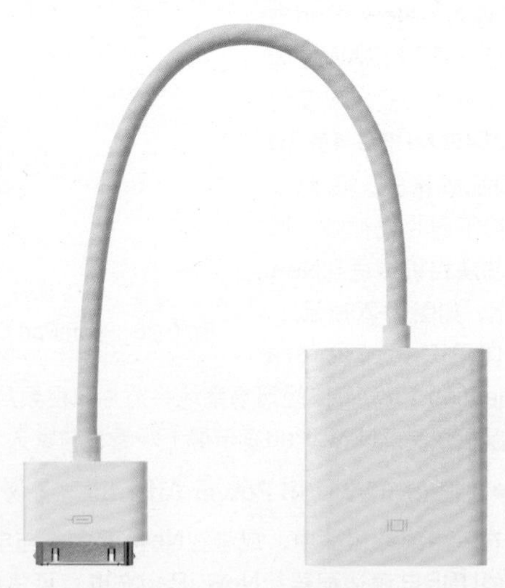

图10-28 Apple VGA Adapter

- **Apple In-Ear Headphones with Remote and Mic**
  参考价格：RMB 628元

使用具有遥控功能和麦克风的Apple入耳式耳机，让用户每次欣赏音乐时不错过任何一个细节。这款耳机提供了具有专业品质的音效和令人惊叹的隔音效果，借助其方便的按键，可以调节音量、控制音乐和视频的播放，让您欣赏音乐时不错过任何细节，如图10-29所示。

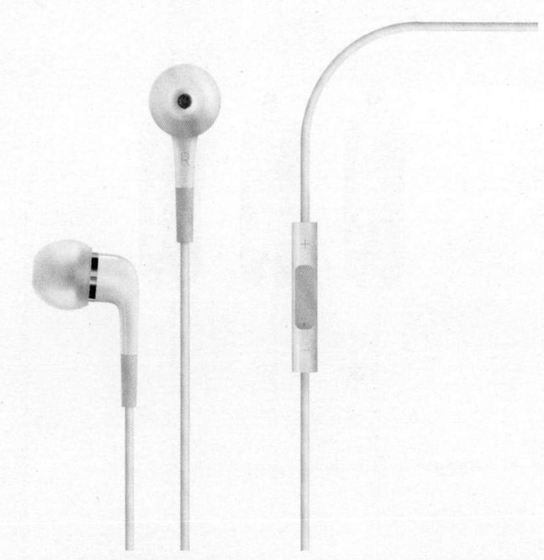

图10-29 Apple In-Ear Headphones with Remote and Mic

- **Apple Earphones with Remote and Mic 参考价格：RMB 228元**

具有遥控功能和麦克风的Apple入耳式耳机，具备广受欢迎的Apple iPod听筒所具有的全部性能和舒适性，与New iPad可实现完美兼容，让用户欣赏喜爱曲目的绝妙美声，如图10-30所示。此产品还具有方便的按键，可以调节音量、控制音乐和视频的播放。

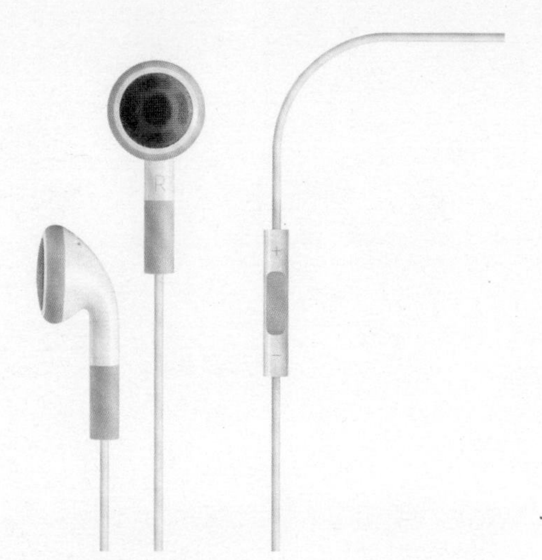

图10-30 Apple Earphones with Remote and Mic

- **Apple Composite AV Cable　参考价格：RMB 298元**

将New iPad与家庭影院系统上的复合视频及立体声音频输入端相连，可在宽大的屏幕上观赏New iPad视频，享受极致的立体声音效，如图10-31所示。

图10-31　Apple Composite AV Cable